RENZHENZUO ZHINENGHEGE
YONGXINZUOCAINENGYOUXIU

认真做只能合格
用心做才能优秀

● 吴玉红 ◎ 编著 ●

经典典藏

认真，只能让你煮出一杯平庸的咖啡
只有用心，你才能赋予一杯咖啡以热情和生命

赋予你的工作以灵魂，点亮你的整个人生

地震出版社

图书在版编目（CIP）数据

认真做只能合格，用心做才能优秀/吴玉红编著 . —北京：
地震出版社，2012.11
ISBN 978 - 7 - 5028 - 4118 - 8

Ⅰ.①认…　Ⅱ.①吴…　Ⅲ.①成功心理—通俗读物
Ⅳ.①B848.4 - 49

中国版本图书馆 CIP 数据核字（2012）第 186702 号

地震版　XM2579

认真做只能合格，用心做才能优秀

吴玉红　编著

责任编辑：范静泊
责任校对：孔景宽

出版发行：**地震出版社**

　　　　　北京民族学院南路 9 号　　　　　邮编：100081
　　　　　发行部：68423031　68467993　传真：88421706
　　　　　门市部：68467991　　　　　　　传真：68467991
　　　　　总编室：68462709　68721982　传真：68455221
　　　　　http://www.dzpress.com.cn
　　　　　E - mail：seis@mailbox.rol.cn.net

经销：全国各地新华书店
印刷：九洲财鑫印刷有限公司

版（印）次：2012 年 12 月第一版　2012 年 12 月第一次印刷
开本：787×1092　1/16
字数：267 千字
印张：18
书号：ISBN 978 - 7 - 5028 - 4118 - 8 /B（4795）
定价：32.00 元

前 言

　　有一句名言：世界上怕就怕认真二字。其实，世界上又何尝不怕用心二字呢？

　　认真做事的人是值得尊重的。他们按部就班，循规蹈矩，对于领导的话从来不会说"不"；他们兢兢业业，勤奋努力，有时还很拼命；他们每天准时上班，从不缺勤，有时也愿意加班；他们忠实地履行职责，一丝不苟；他们及时完成每一项任务，从不拖延，执行到位……一句话，他们对得起付给他们的薪水，也不必担心失业。

　　可奇怪的是，这样的人却很难入老板的"法眼"。他们得不到重用，升职加薪很少轮到他们的头上；干了一辈子，要么原地踏步，要么勉强当个小经理。看起来，这似乎有点儿不公平。

　　这世上确实有许多不公平的事，但就这件事来说，老天却是公平的。因为，认真做事只能算是合格，合格的人只能得到合格的待遇。要有突破性的成就，他们还欠缺一种决定性的品质，这就是——用心。

　　只有用心，才可能称得上优秀和卓越。

　　用心，是为人做事的至高境界。诚然，认真，你可以把事做对；但只有用心，你才能把事做好。两者的差别看起来不大，却往往决定着全部的成败。

　　2007 年，星巴克遭遇了一次深刻的危机。这个咖啡帝国的迅猛扩张，

1

付出的是品质下降的代价。它的意式浓缩咖啡，再也不能给人们原先那种完美的体验。

表面上看，星巴克的咖啡师仍然遵照每一道程序来烹煮咖啡，不可谓不认真，但他们只是机械地完成程序规定，并没有投入他们的热情和专注。比如，有一道蒸牛奶的工序，要求牛奶的热度和奶泡的程度恰到好处，而有些咖啡师甚至在客人点单前就已经蒸好了一罐罐的牛奶，放在那里备用，根据需要再加热。这种蒸煮过一次的牛奶，会变得稀薄并且流失一部分甜度。像这种不用心的后果，做出的只能是太淡或是太苦的下等浓缩咖啡。

虽然星巴克在商界所涉足的领域远不只是调制和销售咖啡，但没有了顶级的咖啡，就失去了最基本的品牌价值。

于是，2008年2月某个星期二的下午，当时针指向5：30，美国所有星巴克门店同时打烊，顾客被礼貌地请出了门店。随后，大门关闭。在大门里面，15000名咖啡师重新接受了培训。

这是一次成功的自救：由于全情投入雕琢烹煮咖啡的技艺，星巴克咖啡重新找回了过去几十年的完美品质。

认真，只能让你煮出一杯平庸的咖啡；只有用心，你才能赋予一杯咖啡以热情和生命，从而带给他人完美的体验。实际上，这世上所有的工作都是如此。因为——用心，看似平常的字眼，意味着很多东西。

用心，意味着尽心。用心的人会像谈恋爱那样，对事业充满火一般的热忱。无论做什么事，都用尽心力精益求精、追求完美，即便付出100%的努力来完成1%的事情也在所不惜。正如史蒂夫·乔布斯所说："如果要做成一件事，你就要对它十分热爱，否则就没有任何意义。"

用心，意味着专心。用心的人知道自己现在正在做什么，也明白自己将来想做什么，他永远不会左顾右盼、心猿意马、见异思迁，而是尽量避开歧途和不重要的支线，以免妨碍自己向真正的目标进发。

用心，意味着细心。用心的人处处留心，见人所未见，不放过工作中的每一个细节。他们在细微之处下功夫，做事滴水不漏，一丝不苟。细心不仅是他们的工作态度和习惯，也是他们的人生原则。

用心，意味着恒心。用心的人有长远的眼光，不计较一时一事的成败得失；他们更看重持之以恒的耐心和韧性。他们能够为了完成任务而废寝忘食，经历几年甚至更长的时间去做琐碎细致的工作而一直追求卓越，面对任何困难而毫不退缩，做事不达目的绝不罢休。

用心，意味着虚心。用心的人永远虚怀若谷、求知若渴，把公司当成大学，把老板和同事当成老师，以学习不断提升自我价值。再枯燥乏味的工作，他们也能全心琢磨，从中汲取成长的力量，每天实现自我超越。

用心，意味着雄心。用心的人从不急功近功，也从不会被眼前的利益蒙蔽心志，而是雄心勃勃、志存高远。他们能够以远见卓识，洞悉时代的潮起潮落，看到更广阔、更有魅力的未来，牢牢把握稍纵即逝的机遇。

还有一句名言：工作着的人是美丽的。其实，用心工作着的人才是最美丽的。用心，能让你从工作中找到生命的意义，能赋予你的工作以灵魂，从而点亮你的整个人生。

目 录

第三章 认真能把事情做对，用心能把事情做好

第四章 认真埋头苦干，不如用心巧干

2

第五章　认真能做到"可能"，用心能消灭"不可能"

第六章　认真能执行到位，用心才能创出新意

第七章　认真做能创造业绩，用心做更能提升自我

第八章　认真做当下的事，用心把眼光放远

第 一 章

认真做的是专业，用心干的是事业

能干还不够，还得愿意用心干

工作中常有这样的现象：面对一项任务，有人很能干，干得也很认真，可是任务却未必完成得很出色，这是为什么？

或许，我们可以从一位老板的话里找到答案。这位老板曾经对一位在公司混日子的员工提出了严厉的批评："你是不能干，还是不愿用心干？"

是的，或许你很能干，你的态度也很认真，可是你对工作却没有真正用心，缺乏一种强烈的意愿和激情。对于每一个人来说，能不能干或许你决定不了，但愿不愿意用心干却是你首先要做的选择。

应该明白，那些每天早出晚归、每天忙忙碌碌的人，不一定是出色地完成了工作的人；那些每天按时打卡、准时出现在办公室的人，不一定是肯用心的人。对他们来说，每天的工作可能是一种负担，他们并没有做到工作所要求的那么多、那么好。他们在工作中远离了工作，不愿意为此多付出一点，更没有将工作看成是获得成功的机会。年复一年，日复一日，许多机遇就这样白白流失。

而真正出色的人，是在"能干"的基础上，多用一份心，使自己成为"愿干"的人。

在动画片《美食总动员》里，那只爱做梦的老鼠做了一盘普通不过的杂菜煲，竟打动了那位苛刻无比的美食评论家。它的这道菜，绝不是照着哪本现成菜谱就能烹饪出来的。这只老鼠的成功法门在于，它热爱烹饪，而且愿意用心去干。它在料理上所花的心思，是常人难以想像的。其实，正如电影《食神》所言，只要用心，人人都是食神。只要你愿意去干，并为此付出心血，你就能成为能力很强的人，你的人生就不会白过。

有一位舞蹈老师经常这样提醒她的学生："如果你上台不会紧张的话，那就是你离开舞台的时候了。"一开始，她的学生并不能理解老师的话，心想如果自己有了无数登台的经验，哪里还会害怕上台？后来才明白老师的意思是指，在台上如果不用心，做这件事情就是对生命的耽误。这时候，你就成了一个"不愿干"的人，工作变成了例行公事，毫无感觉。

有两个年轻女子，不约而同地看中了童装这块市场，于是各自开了网店。但经营一年下来，效果却有天壤之别。其中一个人的经营很不顺，整日为商品的销路不好而苦恼。其实你到她的网店看看，就不难找到原因：她的店里的商品种类少，外包装也很简单，而且商品介绍中的图片也无法完全表现商品本身的特点。她从早忙到晚，为生意费尽心思，其实只是花了时间，并没有真正做到用心。

而另一家网店生意却是蒸蒸日上，店主是怎么做到的呢？她不仅网页的设计很符合儿童活泼调皮的天性，还同时出售能够和衣服搭配的背包、配饰等。她还请小孩当模特，把搭配好的衣服拍成照片放在网上，让人一看就有想买的冲动。一句话，她的成功，不仅在于她能干，还在于她愿意用心去干。一个成功的经营者，时常会考虑"怎样才能让我的东西卖得更好"。

人们总是认为那些能够获得成功的点子都出自智力超群的人。其实，想到绝妙点子的，都是一些普通人——成功的关键其实就在于对自己的事情用心。如果你明明很有能力，做事情却经常失败，那么你很可能就是个不太会用"心"的人。

如果你愿意用心在工作上，你也许会发现，它并不是一成不变的；同时也会发现，你会在现有的状态上持续地提升自己。因为用心，也许原本不起眼的工作，你会发现它可贵的一面。

布里格姆22岁那年大学毕业，心里怀着对未来的美好愿望进入了社会。他从小就向往教师这个职业，觉得它很神圣，也很有意义，受人尊重。于是，他慕名来到剑桥市，希望能在这个历史文化名城里成为一名优秀的教师。

但现实不遂人愿，他一连向几所中学发出求职简历，却没有任何回音。后来，他降低求职标准，把目光转向小学，但也连连遭到拒绝。

他的人生陷入了低谷：没有工作，没有经济来源，他对自己的能力也产生了怀疑。就在这时，布里格姆听说剑桥市政府要招一批清洁工，任务就是打扫大街，保持城市的净洁，给游客留一个好印象。他犹豫了许久，为了生活，最终还是报名了。

这次很顺利，他被录用了。每天，他推着垃圾车捡行人丢下的垃圾。起初他不太适应，毕竟这和自己的梦想相差太远了。不过没多久，他就喜欢上了自己所从事的职业，他不再觉得这个职业卑微了，反而觉得能为剑桥这个美丽的城市奉献自己的辛劳，是一件很光荣的事情。

清扫空隙间，他常常用心听街边的一些老人闲聊，聊城市的历史以及许多趣闻。渐渐地，他对剑桥的了解越来越多。一次偶然的机会，有几个游客向他问路，他不仅给游客指引了道路，还讲解了这条路的历史渊源。没想到他的介绍把游客迷住了，于是让他当导游。他本身口才不错，又有文化底子，所以讲解起来琅琅上口、绘声绘色，给人留下了深刻印象，以至于后来许多人来剑桥旅游，指名道姓让他来做导游。而他不负众望，每次都能让游客满意而归。

他凭着对剑桥的热爱和理解，使得自己名气大增，备受尊重——尽管他的身份还是一个清洁工。

2009年末，布里格姆获得了"蓝章导游"的资格，这是这座城市授予最优秀导游的荣誉。为了表彰他对剑桥市及其历史、建筑和人民的热爱和感情，剑桥大学授予他"荣誉文学硕士"的殊荣——同时领取这项殊荣的有两个人，另一位是微软创办人比尔·盖茨。

用心感言

优秀的人往往不是最聪明的，但一定是最用心的。用心发掘需要，用心锤炼细节，用心等待机会，用心铸就成功。每一个机会都有一次选择，机会对每个人都是平等的，关键在于你是否愿意真正用心去干。所以，当你觉得工作空洞乏味时，不妨扪心自问一下：我用心了吗？

把工作当成一生的事业

如何看待工作，决定了工作的质量，也决定了你的未来。

许多刚踏入社会的年轻人尽管工作认真、尽职尽责，但并不把自己正在从事的工作当做事业。他们认为，只有自己开公司、当老板，从事某项经营，才能叫"事业"。如果在别人手下工作，为别人卖命，只能算"打工"。打工能持续多久呢？自己"创业"才是一生的追求。

有这种想法的人，即使做出了成绩，也只当成是别人的，与自己无关，自然也就不会有成就感。在他们看来，工作只是一种简单的雇佣关系，做多做少，做好做坏对自己意义并不大；反正以后迟早要干大事，目前所做的对得起这份工作就行了，何必那么拼命呢？久而久之，他们失去了工作的热情，再也不能全身心投入，只不过像老牛拉磨一样，得过且过。如此，所谓的"大事"永远只是镜花水月。

其实，每一个人踏入社会的第一份工作，都是相当重要的，它是成就人生价值的起点。一位哲人曾说过："如果一个人能够把职业当成事业来做，那么他就成功了一半。"一位很成功的企业家也认为："只有把自己的工作当做第一份事业的人，才可能真正拥有自己的事业。"

用心把工作当成事业干的人，他会这样思考：为了公司干，更是为了自己干，我就是自己人生的总经理，自己命运的设计师，要全力以赴地干好工作，敢于面对一切困难，主动解决一切问题。要为工作奋斗一辈子，一定要取得好的业绩，这样才能对得起自己。

美国富豪之一的"石油大王"约翰·D·洛克菲勒曾经在给儿子的信中这么写道：

"我永远也忘不了我的第一份工作——簿记员工作，那时我虽然每天天刚蒙蒙亮就得去上班，而办公室里点着的油灯又很昏暗，但那份工作从未让我感到枯燥乏味，反而令我着迷和喜悦，连办公室里的一切繁文缛节都不能让我对它失去兴趣，而结果是雇主总在不断地为我加薪。"

"收入只是你工作的副产品，做好你该做的事，并出色地完成你该完成的事，理想的薪水必然会到来。而更为重要的是，我们辛苦工作的最高报酬，并不是我们眼前所获得的，而是我们因此会成为什么样的人才。那些头脑活跃的人拼命工作绝不只是为了赚钱，使他们工作热情得以持续下去的目标比薪水更诱人也更高尚——他们是在从事一项迷人的事业。"

"老实说，我是一个野心家，从小我就想成为巨富。对我来说，我受雇的休伊特·塔特尔公司是一个锻炼我能力，让我一试身手的好地方。它代理各种商品的销售，拥有一座铁矿，还经营着两项让它赖以生存的技术，那就是给美国带来革命性变化的铁路业和电报业。它把我带进了妙趣横生、广阔绚丽的商业世界，它让我学会了尊重数字与事实，让我看到了运输业的威力，更培养了我作为商人应具备的能力与素质。所有这些都在我以后的经商中发挥了极大的作用。可以说，没有在休伊特·塔特尔公司的历练，我肯定要在我的事业上走很多弯路。"

比尔·盖茨在被问及他心目中的最佳员工是什么样时，强调了这样一条：一个优秀的员工应该对自己的工作满怀热情，当他对客户介绍本公司的产品时，应该有一种传教士传道般的狂热！一句话，要用心把你的工作当成一门事业来做。

李嘉诚 14 岁时，父亲去世了，他决定辍学，挑起家庭生活的重担。经过了很长一段时间的努力，他找到了一份茶楼跑堂的工作，这是他的第一份工作。李嘉诚知道，只有把这份工作当做自己的事业，才可能学到更多的东西并得到更多的回报。他每天非常勤奋，表现非常出色，成为茶楼中加薪最快的伙计，同时，在茶楼里接触各色生意人，听他们谈论生意经，也为他日后发展事业积累了第一份人生经验。

德国邮政女王格蕾特·拉赫纳 15 岁进入一家邮政公司当学徒。她非常刻苦，每天早上 7 点开始工作，晚上 10 点钟才结束，打包、填写邮件表单、打扫卫生、记账，除此之外，凡是与这项工作有关的知识，她都认真学习。她把这第一份工作当做了终生的事业来做，从这份工作中学到的知识和技能成就了她一生的辉煌。

在走上中央电视台"百家讲坛"、扬名全国之前，纪连海只是一名普通的中学历史教师。当央视《人物新周刊》的主持人问纪连海有什么成功的秘诀时，他说，自己只是把教师职业当成事业来做。在他看来，工作有两种：一种是职业，一种是事业。而当中学教师就是他的事业，而不是职业。

有一个年轻女子，是某著名大学经济管理专业的高材生，毕业后进入一家咨询公司工作。刚进公司时，她担任财务助理。这实际上是一个空头衔，她更像一个打杂的，每天面对的是形形色色的报表，而她需要做的只是复印、装订成册，再复印、装订成册……在财务人员忙得不可开交时，她才有机会去帮帮忙。面对这样枯燥而又不太可能有发展机会的工作，她并没有抱怨或者得过且过。她在复印并装订报表的时候，仔细地察看各种报表的填写方法，逐步地用经济学知识分析公司的开销，并结合公司正在实施的项目，揣度公司的经济管理情况。工作第八个月的时候，她书面汇报了公司内部一些不合理的经济策略方案，并提出相应的改进意见。工作不到三年，她已经是公司的高层决策人。

你现在所从事的工作，可能不是你真正想做的工作。可是，如果你把该做的事做得和想做的事一样用心，一样地全力以赴，那么你一定可以成功，因为你已经具备一个成功人士最重要的素质与心态。

如果你只把工作当成一种养家糊口的手段，那么你一辈子也只能当工作的奴隶。只有时刻站在事业的高度对待你目前的工作，并把它当成事业的起点，你才能真正走上成功之路。

当你把工作当做事业时，工作便成了自己生命中不可缺少的一部分。你会愿做、想做，会有强烈的求好欲望。你不会因为工作压力、待遇不公、升迁无望等而生出诸多的怨言和愤懑，也不会有不如意、不称心的感觉。在工作中，你就会主动开拓、奋发进取，充分发掘自己的潜能，追求生命价值的实现。

 # 带着使命感去工作

张女士是一名"海归"，现在担任北京一家房地产信息咨询公司的总裁，她经常感叹公司员工的工作态度。她的员工工作认真，但大多每天特别准时地下班，一分一秒都不差，很少有下班后主动愿意留下来继续工作的员工。而张女士当年在美国打工时，就根本没有把工作当做一个应付的差事、对工作也没有办完了事就下班的心态，工作起来完全忘了下班时间，根本没有心思和时间去看有没有到下班时间。

实际上，这就是工作上有无使命感的区别。

什么叫使命？这需要你每时每刻用心去思考：第一，你想要成为什么样的人？第二，你要为公司、为这个世界做些什么事情？

也许很多人都听说过这样一个故事：有三个人搬砖头，搬得都很认真卖力，可心里的想法却各有不同。第一个人搬砖的时候，心里想的就是搬砖，觉得自己除了搬砖别无他长，于是他就搬了一辈子砖；第二个人搬砖的时候想的是将来如何能成为一个工头，好让别人来搬砖，最后他成了一个包工头；第三个人搬砖的时候，心里想的是未来如何能成为一个建筑师，盖出自己喜欢的房子，结果这个人成了一名优秀的建筑师。

这个故事告诉我们，对待工作有三重境界：为薪水而工作，为喜欢的职业而工作，为内心的使命感而工作。这三者之间并不一定存在矛盾，但只有拥有了第三重境界的人才能成大业。

我们不仅要认真工作，还应带着一种使命感去用心工作。使命感能够赋予工作以灵魂。当一个人带着使命感用心工作时，工作已经不再是谋生的手段，而是一份事业、一个生命之所以存在的理由、一种崇高的生命本质。

人有了使命感，即使在做一件最微不足道的事情，也会变得有意义。有使命感并且事业有成的人都有两个共同特点：一是明确地知道自己事业的目标；二是不断地朝着更高的目标前进。美国思想家爱默生说过："一心向着自己的目标前进的人，整个世界都会为他让路。"

从前那些带着使命感去全世界传教的牧师们，无论是非洲蒙昧的原始森林、南美洲的崇山峻岭，到处都有他们的身影。他们前往几乎与世隔绝的穷乡僻壤和茹毛饮血的土著部落，一辈子在那里传教，甚至老死在那里。他们不图名、不图利，过着极其艰苦的生活，仅仅为了自己的神圣使命，完全忘我地工作，直至离开人世的那一天。

马云曾询问美国前总统克林顿这样一个问题：美国是世界上最先进的国家，也没有更好的榜样可以模仿，那么作为美国的领导人是靠什么来把美国带往前方呢？克林顿的回答非常爽快——是靠着一种使命感来领导美国前进的。这句话启发了马云，他认为，公司要有使命感和价值观；如果只以赚钱为目的是做不大事业的，而以使命为驱动才有可能做大事业。

马云提到了两个例子：美国的通用电气公司，前身是爱迪生电灯公司。100年前，他们的使命是让全天下亮起来。带着这样的使命，通用电气成为全球最大的电器公司。迪士尼公司的使命是让全天下的人开心起来，这样的使命使得迪士尼拍的电影都是喜剧片，也使这家公司收获了全天下人的喜爱。

世界上那些有所成就而富有的人，他们最初创业的动机也许是为了钱，但当他们的事业发展到一定程度时，为的却是一种使命，一种对社会的责任。换句话说，是想做成一件前人没有做到的事情。

经营之神松下幸之助的使命是：领导日本企业，快速提升国民经济，让所有日本人脱离贫穷。

零售业巨头沃尔玛公司总裁山姆·沃尔顿的使命是：以最低的价格为社会大众提供最优质的生活用品。

世界首富比尔·盖茨的使命是：让全世界每台电脑都使用微软的软件，服务全人类。

亚洲首富孙正义的使命是：就像汽车的出现改变了交通工具一样，要让互联网改变人们的生活方式，让越来越多的人可以通过互联网，在世界上任何一个角落办公。

如果你只是为了金钱，为了个人私欲而工作的话，尽管认真，你也只能获得小的成功。如果你忘掉个人的私欲，为了一个团体、一个国家、一个民族，为了大多数人的利益，带着一种使命去真正创一番伟业时，你会产生一种强大的内驱力，从而创造出非凡的成就。

用心感言

　　作为一个员工，工作认真和尽责是不够的，应该比自己分内的工作多做一点，比别人期待更多一点，给自我的提升创造更多的机会。一个富有使命感的员工，只求内心完成使命的欣慰和满足，一心扑在工作上，没有他人的督促也能出色地完成任务，并从中汲取走向成功的力量。

工作要学会乐在其中

　　每个人都必须工作，为了生活，更为了实现人生的价值。然而，在很多时候，许多人认真工作，把每一项任务都执行到位，内心却没有丝毫的快乐和成就感。在他们看来，工作值得认真去做，但同时也没有乐趣可言，甚至还是一件痛苦的事。

这样的人，并没有用心去爱他们的工作。他们只是为了工作而工作，机械地完成任务，没有投入自己全部的热情和智慧。他们害怕星期一，他们在工作的时候经常看表，急切地盼望下班时间的到来；他们总在抱怨：为什么自己总是找不到工作的乐趣？

这样的人，也是值得同情的。因为一般来说，人们有80%的醒着的时间是花在工作上的，如果工作使他不快乐，那他就有80%的醒着的时间是不快乐的。如此度过一生，很可悲。

那么，工作真的有那么不堪忍受吗？先来看这样一则寓言：有一个人在他死的时候，发现自己来到一个既美妙又能享受一切的地方，有侍者，有美味佳肴，也不乏妙龄美女……正是他心目中的天堂。可是时间长了，他对这一切感到索然乏味了，就对侍者说："你可以给我找一份工作做吗？"侍者说："很抱歉，这是我们这里唯一不能为您做的，这里没有工作可以给您。"

这个人非常沮丧，愤怒地挥动着手说："这真是太糟糕了！那我干脆就留在地狱好了！"

"您以为，您在什么地方呢？"那位侍者温和地说。

这则很富幽默感的寓言告诉我们：工作是任何东西都无法替代的，失去工作就等于失去了快乐。但是令人遗憾的是，有些人却要在失业之后，才能体会到这一点。

亨利·欧萨的公司拥有10亿美元以上的资产，它让许多不能说话的人重新说话，让许多不能走路的人过上正常人的生活，让许多看不起病的人得到了医疗保障。他所做的一切都源于母亲玛丽对他的教诲。她在工作一天后，总会抽出时间帮助那些不幸的人。她临终时还叮嘱儿子："亨利，任何人如果不工作就没有价值，我留给你的是一份无价的礼物：快乐工作。"

"股神"巴菲特已经年逾八旬，连续工作了几十年，但他从来没有说过工作是痛苦的。一位记者跟随巴菲特参加2009年的伯克希尔股东大会，年轻记者为了采访，累得快趴下了，但是巴菲特却连续工作了12个小时，在回答股东提问时，思维仍然清晰流畅。

有一位股东问巴菲特："现在你已经是美国最富有的人，你下一个目标是什么？"巴菲特说："我的下一个目标是成为美国最长寿的人。"那位股东追问："你的长寿之道是什么？"巴菲特说："快乐工作，快乐生活。"

这就是巴菲特的健康秘方，他在做自己喜欢的事，他是如此热爱自己的工作，以至于他说自己每天都是跳着踢踏舞去上班。用这样的心态工作，那简直就是享受。

像巴菲特那样享受工作的成功人士比比皆是。据浙江一家媒体报道，娃哈哈集团董事长宗庆后出国期间除参加一些必要的活动，其余时间都在考察奶源基地；丝绸之路集团董事长凌兰芳在公司推行精细化管理期间，即使患了重感冒，也坚持加班，其一年中唯一的假期，是大年三十到大年初二的三天；温州新澳啤酒有限公司董事长孙建新，在别人休息的假期，将企业长期累积的问题集中处理，非常快乐。

这些人的工作热情看起来很不可思议，是不是？其实，这归根结底是一个对待工作的态度问题。当你真正把工作当成事业来干，用心爱你的工作，并愿意全身心付出时，你的工作就成了一种享受。微软总裁比尔·盖茨曾经说过："人生有两项主要目标：第一，拥有你所向往的；第二，享受它们。只有聪明的人才能做到第二点。努力工作，同时享受生活，我们每个人都应该这样。"

一个人整天无所事事，那么他必定过的十分无聊和空虚，只有通过工作才能得到内心的充实和满足。工作不仅是谋生的手段，还是我们获得知识，积累经验、增加信心的途径。我们如果能认识到工作的种种好处，就会自然而然的对工作产生兴趣。当我们从工作中获得巨大的回报，从工作中渐渐地提升了自己的时候，就不会再把工作当成是一个苦差事，工作也就不再是单调的事情，而变成了一种生活方式。

也许你的工作很平凡，但即使这样，你也应该用心去干，拿出十二分的热忱，付之以艺术家的精神。这样，你才不会有劳碌辛苦的感觉，才能体会到平凡工作中的不平凡，才能感觉到工作带给你的满足。

在通常情况下，选择你所热爱的工作，会易于你发挥出自己的潜能，也不会让你觉得劳累。但有的时候，现实并不顺遂人愿，你一开始是无法自由选择自己所爱的职业的，而只能被迫做出一些不符合自己爱好的职业选择。在这种情况下，你千万不要以敷衍的态度去应付了事，而应努力去找寻工作的优点，用比别人更多的心力去做、去体会其中的乐趣。用心享受你所做的，认真工作才能得到最大的回报。

用心感言

成功学大师卡耐基曾经指出："改变想法就能改变结果。正确的思想会使任何工作都不再那么讨厌，使自己从工作中获得加倍的快乐。"要从工作中享受快乐，你必须用心做你所爱的，爱你所做的。你要是在工作中找不到快乐，就绝不可能再在任何地方找到它。

 ## 为工作付出 100% 的努力

在我们的工作和生活中，那些用心做事并获得了丰硕成果的人，往往有一个共同的特征：勤奋和敬业，愿意为工作全力以赴。事实上，许多人从平凡的工作中脱颖而出，与其说是由个人的才能决定，不如说取决于个人的进取心态。

享誉全球的影星成龙，在好莱坞星光大道留下手印和脚印时说："面对挑战，只要全力以赴，荣誉自然随后而来。我宁可为电影而死，而不愿老死！"

传说古罗马有两座圣殿，一座是勤奋之殿，一座是荣誉之殿。在安排位置时有这样一个顺序，即勤奋之殿在荣誉之殿的前面，每一个想到达荣誉之殿的人都必须先经过勤奋之殿。也就是说，勤奋工作，用心全力付出，正是通往荣誉的必经途径。

日本"经营之神"松下幸之助说："我小时候，在学徒的 7 年当中，在老板的教导之下，不得不勤勉学艺，也不知不觉地养成了勤勉的习性，所以他人视为辛苦困难的工作，而我自己却不觉得辛苦。我青年时代，始终被教导要勤勉努力，此乃人生之一大原则。事实上，在这个社会里，勤勉努力的人，不太被人称赞为尊贵或者伟大，别人也不会认为他很有价值，因此，我认为大家应该无所顾忌地提升对具有这种良好习性者的评价，这样才算真正对勤勉的价值有所认识。"

美国建国不过 200 多年，能成为今天的超级大国，与其国民的勤奋用心工作有很大关系。有人曾经做过统计，美国当今前 6 位富翁都是白手起家，他们每周平均的工作时间为 56 小时，而比尔·盖茨更高达 80 小时。据《洛杉矶时报》报道：意大利人每年有 42 天带薪假期，法国人 37 天，德国人 35 天，英国人 28 天，而美国人是 16 天，但实际上他们只休 14 天，美国劳工统计局的数字也显示，美国人每周工作 49 小时，加起来每年要比欧洲人多工作 350 小时。

正是这种工作精神，这种努力程度，使得美国人享受着更优越的生活。

那些大众眼中的成功人士，绝大多数都是勤奋敬业的人。无论做什么事，他们都用尽心力，付出 100% 的努力。传媒大亨默多克虽然已是富可敌国，但仍然起早贪黑，努力工作。他每天 5 点半起床，喝点儿胡萝卜汁，游一会儿泳，7 点一到准时开始工作，一直到晚上 9 点。无论是头版的新闻、各种照片，还是广告的编排，他无不亲自过问。默多克只用 6 名助手管理他在全世界的 4 万名员工，而这 6 个人也不过是绝对服从他命令的执行者。默多克坚信发展事业的唯一办法是自己亲自管理。很长时间，他的财务管理简明扼要，账目简单得像结绳记事时代的产物。

企业巨子史玉柱对自己的评价，首先就是投入和勤奋。他说别人用 5 个小时做的事，自己会连干三天三夜。史玉柱的一位创业伙伴这样评价他："他有时候工作起来太可怕，完全忘记自己只是一个普通人。他可以一连几天很少睡觉，可以一连几餐都吃盒饭，但绝对不容忍计划的事情没有按时完成。"

史玉柱的创业，就是一个用心全力付出的过程。有一次，为了研发软件，他将自己和同事反锁在深圳大学一间昏暗的小屋里。在他们的世界里，只有计算机和程序。他们每周只下一次楼，买几箱方便面就马上赶回。整整150个日日夜夜，他们就靠着20箱方便面支撑着。经过5个多月的苦心钻研，史玉柱和他的同事完成了第二代汉卡 M－6402 的研发，使汉卡的技术进一步提升。

徐静蕾能有今天的成就，不仅在于她的才艺，更在于她是个凡事都用心付出努力的人。刚从电影学院毕业的时候，徐静蕾爱上了摄影，她天天背着相机骑着单车出去拍照片，晚上回来把拍的照片全复制到电脑上，一张一张看、分析、记笔记，有不懂的技术问题就去查书，经常一搞就是一整夜，也不知道累。第二天再出去拍，把前一天不足的地方纠正过来。就这样拍了近万张，她的摄影作品就具备了专业水准。北京的一家周刊还邀请她做特约摄影记者，给她开了一个专栏。结果年终评比的时候，那个小专栏被读者评为"最受欢迎的栏目"。

徐静蕾学习做导演时，拍《我和爸爸》，尽管是两眼一抹黑，但她不懂就问，在片场逮住谁就叫谁"老师"。一部电影拍下来，基本掌握了关于电影的基础知识。

后来她做杂志，一开始也是个门外汉，纯粹是摸着石头过河。她就把市面上口碑比较好的杂志都搜集来，然后一本本研究它们的特点，琢磨杂志的风格定位、广告、宣传推广这些事情。她还挨个约懂行的朋友吃饭，一边吃一边见缝插针地提问。一顿饭吃下来，对方会被她"折磨"得满头大汗。就这样，硬是从一个门外汉成了一个办杂志的行家。

徐静蕾自信地说："只要你愿意学习，永远保持学习的欲望和热情，这个世界上，还真的就没有你干不了的事儿！"

确实，对那些用心努力工作的人，这个世界总是会为他们大开绿灯。

一个人如果只习惯于朝九晚五的工作和生活方式，虽然他工作可能认真，却很难取得成功。一个人无论从事何种工作，都应该用心付出，尽自己的最大努力，求得不断的进步。这不仅是工作的原则，也是人生的原则。

热忱是事业的发动机

一个把工作看做例行公事的人，也许执行任务认真到位，却不能说是一个用心的人。一个真正用心工作的人，会打心底里喜爱自己的工作，对工作充满热忱。热忱，正是用心的起点。

有过恋爱经历的人都知道，恋爱中的人，没见面的时候，脑海中想得都是对方，无时无刻不关心着对方；见面的时候，也会想尽办法来令对方开心。那些真正用心的人，工作起来正像谈恋爱，充满火一般的热忱。

美国哲人爱默生认为，有史以来，没有任何一件伟大的事业不是因为热忱而成功的。美国科学家博伊尔也说过："伟大的创造，离开了热忱是无法做出的。这也正是一切伟大事物激励人心之处。离开了热忱，任何人都算不了什么；而有了热忱，任何人都不可以小觑。"

卡耐基的办公桌上挂了一块牌子，他家的镜子上也挂了同样一块牌子，巧的是麦克阿瑟将军在南太平洋指挥盟军的时候，办公室墙上也挂着一块牌子，上面都写着同样的座右铭，其中有这样一句话："岁月使你皮肤起皱，但是失去了热忱，就损伤了灵魂。"

杰克·韦尔奇在自传中写道："每次我去克罗顿维尔，向一个班级提问，拥有什么样的素质才能称得上一名'顶级的玩家'，我常常高兴地看到第一个举起手来的人说：'是工作热忱。'对我来说，极大的热忱能做到一美遮百丑。如果有哪一种品质是成功者共有的，那就是他们比其他人更在乎小事。没有什么细节因细小而不值得去挥汗，也没有什么大到不可能办到的事。多年来，我一直在我们选择的领导中挖掘工作热忱，热忱并不是浮夸张扬的表现，而是某种发自内心深处的东西。"

一个充满热忱的人，无论是个操作机器的工人，还是大公司的经营者，都会认为自己的工作是一项神圣的天职，并怀着高度的兴趣。对工作的热忱，能够激发一个人为了完成任务而废寝忘食的精神，能让他经历几年甚至更长的时间去做琐碎细致的工作而一直追求卓越，能让他面对任何困难而毫不退缩，能让他不惜一切代价地去做事，不达目的绝不罢休。

拿破仑发动一场战役只需要两周的准备时间，换成别人则需要一年，之所以会有这么大的差别，正是因为他对在战场取胜拥有无与伦比的热忱。

比尔·盖茨说自己每天早晨醒来，一想到所从事的工作和所开发的技术将会给人类生活带来的巨大影响和变化，就会无比兴奋和激动。正是这种热忱激励他创立了世界上最著名的公司之一微软，使个人电脑在世界上得以普及。

山姆·沃尔顿，这位沃尔玛公司的创始人，在80多岁的时候，还马不停蹄地在全国巡视他那庞大的连锁店帝国。他去南美洲考察的时候，因为在超市里不断爬上爬下测量货架之间的距离，被超市报警送到警局里。

法兰克·派特是著名的人寿保险推销员，他早年是个棒球运动员。当他刚转入职业棒球界不久，便遭到有生以来最大的打击——被球队开除了。他的动作无力，因此球队的经理执意要他走人。经理对他说："你这样慢吞吞的，根本不适合在球场上打球。离开这里之后，无论你到哪里做任何事，如果不提起精神来，你将永远不会有出路。"

派特没有其他出路，只好去了另一支球队，参加级别较低的联赛。他原来的月薪是175美元，现在下降到仅25美元，让他有点心灰意冷。但为了生活下去，他决心努力尝试改变现状。

就在这时，一位名叫丹尼的老队员把他介绍到康州的纽黑文队去。在那里，没有人知道他过去的情形，更没有人责备他。他暗下决心，要成为整个新英格兰最具热忱的球员。

每天，派特就像一个不知疲倦和劳顿的铁人奔跑在球场，球技也提高得很快，尤其是投球，不但迅速而且非常有力，有时居然震落接球队友的护手套。

在一次联赛中，派特的球队遭遇实力强劲的对手。当天的气温高得吓人，人很容易中暑晕倒，但派特并没有因此退却。在比赛快要结束时，他抓住对手接球失误的难得机会，迅速攻向对方主垒，从而赢得了决定胜负的至关重要的一分。

在那一天，派特完全忘记了恐惧和紧张，掷球速度比赛前预计的还要出色；他疯狂地奔跑感染了其他队友，他们也变得活力四射，在气势上完全压倒了对手。他们不但赢了，而且是打出了赛季最精彩的一场比赛。由于他出色的发挥，他每月的薪水猛涨到了 185 美元。

这种惊人的变化，就是热忱所带来的结果。

热忱不是课堂上老师教的，也不是书本上写的，更不是父母天生给的，它来自于你对工作的态度。当你无法在工作中找到激情和动力时，请用心重新认识工作的价值和重要性。你可能会想，老板给我涨点儿薪水可能就会改变我的工作态度。其实，这时你缺少的不是薪水与职位，而是工作的热忱。

用心感言

一个人成功的因素很多，而最关键的就是热忱。没有热忱，不论你有什么能力，都发挥不出来。热忱和工作的关系，就好像是蒸汽和火车头的关系；它是事业的主要推动力。只要肯用心拿出 100% 的热情来对待 1% 的事情，而不去计较它是多么的微不足道，你就会发现，原来每天平凡的生活竟是如此的充实、美好。

做个工作的"偏执狂"

　　美国英特尔公司前总裁安迪·格鲁夫有一句名言，"只有偏执狂才能生存"。这句名言以及格鲁夫的同名著作，在中国曾产生了广泛影响，得到了一些在创业中披荆斩棘、具有冒险精神的企业家们的应合。一时间，这句名言被奉为企业经营的圭臬，百战不殆的法宝。

　　什么是"偏执狂"？按格鲁夫的说法，是指以一种企业危机意识捕捉一个个战略转折点，突破一个又一个极限，不断把企业推向更高的发展平台。简单地说，就是任何成功都来自于对某种极限的突破。

　　一个用心专注于事业、不达目的誓不罢休的人，正是地地道道的"偏执狂"。

　　美国导演詹姆斯·卡梅隆对工作的用心到了偏执的地步，为此被人们称为"疯子"、"暴君"。为了说服投资商，他费尽口舌；为了说服电影公司老板，他许下不要一分钱报酬的承诺。他的执著和坚持最终感动了投资商和老板。他们说，一个连几千万美金都愿意放弃而只想拍一部最好看的电影的人，我们还有什么理由不去相信他呢？

　　卡梅隆总想要把自己的电影表现得趋于完美，曾在工作室夺过特效师的笔，亲自绘制道具手稿；在拍摄《深渊》时，卡梅隆让女主演一直待在水下，以至于差点儿把她活活淹死，而男主角——硬汉子艾德·哈里斯由于无法忍受卡梅隆带来的工作压力，在回家的路上曾忍不住失声痛哭。

　　动作巨星施瓦辛格曾被卡梅隆的敬业震惊。在拍摄特技镜头时，卡梅隆都会亲力亲为。"他不带任何防护措施，多危险的动作都毫不犹豫，"施瓦辛格回忆，"很多次我都对自己说，这个人一定是疯了。"

事实上，卡梅隆不光自己"疯"，还讨厌不像他一样发疯工作的人。一次制片人兰道被卡梅隆训斥："为什么你皮肤晒黑了，这里不允许这样的事情发生。我们一天在这里工作14个小时，只能在开车上班的路上和第二天早上看到太阳。"

对卡梅隆来说，拍电影就像是打仗，需要全身心付出，有破釜沉舟的勇气。在拍摄《深渊》之前，卡梅隆找到福克斯公司的老板莱昂纳多·戈德伯格，盯着他说："我来是想告诉你一件事：一旦电影开始拍摄，唯一可以阻止我的方法就是杀了我。"戈德伯格吓得一身冷汗，完全相信眼前的家伙所言非虚。

或许也只有这样的疯子，才能接连拍出电影史上最卖座的两部电影：《泰坦尼克号》和《阿凡达》。卡梅隆也许不是最完美的导演，但他绝对是一个最用心的导演。一些跟卡梅隆合作过的演员对他追求完美的"偏执狂"性格表示赞赏，甚至在T恤上印上这样的话："你吓不倒我，我跟卡梅隆一起工作过。"

成功学专家陈安之说过："想成功，先发疯！"他认为，那些成功人士在还没有成功前，几乎都是"疯子"和"偏执狂"。不仅詹姆斯·卡梅隆是如此，很多企业家也是用极大的热情和疯狂的举动完成了自己最想做的事情。他们在创业之初，凭着敏锐的直觉，把握潜在商机，力排众议，以坚强的毅力及韧性，最终突破自我极限，取得成就。他们的经验，就是对格鲁夫那句名言的最好诠释。

作为给美国装上轮子的人，亨利·福特也是个典型的"偏执狂"。他的思想从不为他人左右，常常在别人说不行时说行。1903年，他带领一批汽车专家及管理人才正式成立福特汽车公司，不久即生产出物美价廉的T型车。管理上实行日薪5美元的工资制，并首创流水线生产方式，一系列划时代的创举使福特成为20世纪最有成就的企业家之一，偏执狂的性格成就了他的不朽事业。

史玉柱是中国企业界的一面旗帜，更是软件史上不折不扣的偏执狂。

他曾凭借自己研发的汉卡加亲戚朋友 4000 元的借款，通过在《计算机世界》上赊欠的版面广告，4 个月内成为百万富翁，淘出了自己人生的第一桶金。在淘完第一桶金 6 年后，凭借软件与保健品，加上强大的广告攻略，又成为全国排名第八的亿万富翁。

后来，盲目大规模多元化扩张的"巨人"遭到惨败，史玉柱也从亿万富翁变成欠债两亿元的第一"负翁"，人生陷入低谷。但巨人大厦倒下了，史玉柱的偏执精神却一直未倒。他带着保健品生意又杀了回来。通过一句家喻户晓的广告词"今年过节不收礼，收礼只收脑白金"，史玉柱在保健品市场上又大获全胜。

之后，史玉柱重新杀回 IT 界，在网游市场翻江倒海。他从不按常理出牌，在盛大、网易等领先游戏厂商市场基本成熟的时候开始虎口夺食，在主流收费的市场上，以免费攻略硬是从无到有、从有到强，挤进市场的前三名。站稳脚跟后，在 2007 年 8 月 12 日，又开始收费模式的尝试，以超低的价格战令其竞争对手汗颜。90% 的毛利率和令人难以置信的 74% 的净利率，让场外人和圈里人跌碎了眼镜。

2007 年 11 月 1 日，巨人网络登陆纽约证券交易所。史玉柱从欠债两亿元的第一"首负"涅槃重生，成为上市公司老总和百亿富翁，再一次让世人见识了偏执狂的成功。

用心感言

　　真正的"偏执狂"，并不是不顾一切的盲目蛮干，也不是刚愎自用、一意孤行，而是对自己的事业用心追求完美，以澎湃的激情、强悍的个性和坚忍不拔的意志，不断否定和超越自我，突破各种极限，最终达到心目中的理想境界。也只有那些用心付出的"偏执狂"，才能始终屹立于时代的潮头。

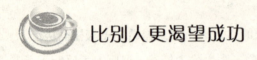

比别人更渴望成功

你对工作是否用心，很大程度上取决于你是否真的渴望成功。

对成功的强烈渴望，是一切成功的起点。一个人拥有怎样的人生，是平庸还是卓有成就，要看他是否有成功的欲望。拿破仑·希尔曾写道："只要有成功的强烈念头，理想就会变成现实。"

一个年轻人曾向希腊智者苏格拉底讨教成功的秘诀。苏格拉底什么也没说，只是带年轻人来到一条河边，让年轻人和他一起涉水过河。行到水深处，苏格拉底突然一把抓住年轻人，将他的头按进水中。年轻人措手不及，想要挣扎出水面，但被强壮有力的苏格拉底硬摁在水中，直到脸色发青。这时，苏格拉底才把他拉出水面。这个年轻人深深吸了一口气，愤怒地问苏格拉底为什么要这么捉弄他。苏格拉底不答，反问他："刚才在水下时，你最想要的是什么？"年轻人回答说："空气。"苏格拉底点点头说："那就是通向成功的秘诀。当你渴望成功如同渴望空气一样，你就能得到它。没有其他秘密。"

成功学家佐秉珊曾经向一位年轻的女富豪请教成功秘诀，也得到相似的答案。那位年轻女士说："你把成功看得多重要呢？我把成功看得像自己的腿、像自己的心脏一样重要。"

确实，成功就是这么简单，当你把它看得有如你的生命一样重要时，无论什么事情，你都是可以做到的。

一位心理学家曾做过一个实验。他把一些身体状况基本相同的学生分成三组，进行不同方式的投篮技术训练。第一组学生坚持在20天内练习投篮，并把第一天和最后一天的投篮成绩记录下来，中间练习时不提任何要求，顺其自然。第二组学生也记录第一天和第二十天练习投篮的成绩，但在此期间不再做任何投篮练习。第三组学生记录下第一天的投篮成绩，然后每天花20分钟做想像中的投篮。如果练习投篮不中，他们便要在想像中对此做相应的纠正。

实验结果令人吃惊：第二组进球率没有丝毫长进；第一组进球率增加24%；第三组进球率也增加了24%。

这个实验让我们看到了自己头脑中巨大的潜能。你对成功的渴望，就体现在你对成功境界的不断"想像"中。当这种渴望与"想像"在你的意识中不断增强时，就能一步步激励你走向成功。

很多年前，纽约有一个小姑娘，应聘到一家裁缝店当打杂工。上班时，她经常看到上层社会的女士们乘着豪华轿车来到店里试穿漂亮衣服。她们穿着讲究，举止得体。小姑娘就想：这才是女人应该过的生活。于是，一股强烈的欲望自她的心中升起：总有一天，我也要有自己的事业，成为她们中的一员。

从此，每天工作开始前，她都要对着试衣镜，很开心、很温柔、很自信地微笑。虽然她只穿着粗布衣裳，但她想像着自己就是身穿漂亮衣服的女士。她待人接物彬彬有礼，落落大方，深受顾客的喜爱，都说她是店里最有头脑最有气质的女孩。虽然她只是一名打杂女工，但她总是想象着自己就是店里的主人，工作积极，尽心尽力，因此深得老板信赖。很快，老板就把裁缝店交给小姑娘打理了。渐渐地，小姑娘有了一个响亮的名字——"安妮特"，最终她成了一位著名的服装设计师，有了自己的品牌和事业。

安妮特的成功，最重要的一点在于她有强烈的成功欲望。当她还一无所有的时候，她就敢于"想像"成功，渴望能达到成功的境界。事实上，当一个人的信念坚定，自我价值在内心得到充分的肯定，再加上强烈的成功欲望，成功将是无可阻挡的。

人生中你最渴望的是什么？为什么你一定要成功？你成功的动机是什么？什么对你来说是最重要的呢？你对哪些美好的事物最憧憬、最向往、最渴望呢？……所有这些，都需要你用心问一问自己。人生走向成功的动力，就在这些问题的答案之中。

用心感言

　　有人说，成功首先是想出来，然后才是做出来的。成功要讲方法，要有认真的态度，但成功首先是一个意愿的问题。假如你连想都不敢想的话，你的人生也只能是平淡无奇的。当你拥有强烈的成功欲望时，你会把心中的意念时刻集中在你的目标上，成为一个真正用心的人。此时，即使你没有资金、没有学历、没有任何的资源，你仍然可以变弱势为强势，变不可能为可能。

一头钻进事业的土壤里

认真做只能合格，用心做才能优秀
Ren Zhen Zuo Zhi Neng He Ge, Yong Xin Zuo Cai Neng You Xiu

　　我们身边有太多的人，总是盲目地相信"天将降大任于斯人也"。他们抱怨职位太低，抱怨怀才不遇；对于手边的工作，他们不屑一顾，认为干这样的小事是屈才了。他们还天真地相信，只要公司和老板能把他们放到一个合适的位置上，他们必能焕发光彩。殊不知，成功并不取决于职位的高低、工作的大小，关键在于做事者的是否有正确的心态。

　　一个做事不用心的人，即便把他放到总统的位置上，相信也只会马上倒台。而一个愿意为事业付出全部热情和心血的人，即便一开始身处底层，也一样可以成就大事业。

　　史蒂芬·威尔逊毕业于哈佛大学，现在是美国维斯卡亚机械制造公司的CEO。你也许无法想象，他当初的求职之路，是从车间清洁工开始的。

　　维斯卡亚是一家极负盛名的公司，学机械制造的史蒂芬和几位同学从哈佛大学毕业后，都非常希望能进入这家公司工作，于是一起给公司写自荐信。然而，他们的自荐信很快被退了回来，并被告知公司并不准备聘用没有工作经验的人。史蒂芬的那几位同学在遭到拒绝后，把目光转向别的公司，并凭着名校学历直接进入了管理阶层。只有史蒂芬坚持他的目标，因为他认为只有那家公司最能让他发挥才智。

有一次，史蒂芬在农场里帮助他的父亲收割向日葵，他发现因为雨水的缘故，有好多葵花子都在植株的顶端发起了芽，此时父亲开玩笑地说："这些葵花子这么迫不及待地发芽，结果只有死路一条，想发芽开花就必须钻到泥土里去才行！"这句话，让史蒂芬若有所思。

史蒂芬把自己的文凭全都塞进了抽屉里，然后来到维斯卡亚公司，表示自己愿意不计报酬，为公司提供劳动。就这样，他成了公司的一名清洁工。

认识史蒂芬的人都大为不解，这样一个人才，竟然在扫地的岗位上工作！但史蒂芬却日复一日地用心打扫卫生。在这个过程中，他细心观察了整个公司各部门的生产情况，并一一做了详细的记录。半年多以后，他发现了公司在生产中有一个技术性漏洞。为此，他花了近一年的时间搞设计，通过在工作中积累的大量统计数据，最终想出了一个足以改变现状的方法。史蒂芬试图将自己的想法告诉总经理，但是他根本没有机会见到总经理。

半年后，公司的许多订单都因为产品质量问题而被纷纷退回，如果拿不出高质量的产品，公司将要蒙受巨大的损失。为了挽救劣势，公司董事会召开紧急会议商量对策，可是会议整整进行了 6 个小时还没有得出一个结果。

这时，史蒂芬揣敲响了会议室的门，他对着正在开会的总经理说："请给我 10 分钟时间，我可以改变公司！"随后，史蒂芬对出现的问题做了一个合理的解释，并且在工程技术方面提出了自己的观点，最后，他拿出了自己对产品的改造设计图，这个设计恰到好处地保留了产品原有的优点，同时又能避免出现问题。

10 年之后，史蒂芬成为全美最具影响力的机械制造工程师，不仅荣升为维斯卡亚公司的 CEO，个人财富也跻身于美国的前 50 名。而当初与他一起投出自荐信的那几位同学，至今依旧做着他们那一成不变的工作。

当同学向他问起成功的秘诀时，他只回答了这么一句："我只是把自己当成一颗种子钻进了土壤里！"

要真正成就事业，只有义无反顾地一头扎入事业的土壤中，深深扎下根基，并用心从事业的土壤中汲取养分，方可成长为一棵根深叶茂的参天大树。

用心感言

　　事业需要用心投入。如果你真的用心专注于自己的事业，你的眼中就不会再有职位的高低、身份的贵贱；你会心甘情愿投入全部热情和心血，哪怕看不到眼前的利益。总有一天，你所得到的将是扎扎实实的成就，谁也夺不走。

不能仅仅为了薪水工作

当今的许多年轻人，考虑问题要比上一代人现实得多。在他们看来，自己为公司干活，公司付自己一份报酬，等价交换，仅此而已。他们看不到薪水以外的东西。一旦当他们带着过高的期望值开始工作，面对的却是极低的薪水时，就有了许多怨言。

工作要得到金钱的回报，这是合情合理的。可是如果仅仅为了薪水而工作，看起来目的明确，却是一种短视的行为。在薪水的驱使下，你也许会在一段时间内认真工作，却无法把用心全力以赴的状态保持下去。因为你被短期利益蒙蔽了心志，看不清自己的发展前景。长此以往，只会埋没掉自己的全部才能，磨灭掉自己的创造力。

拿破仑·希尔曾经聘用了一位年轻的小姐当助手，替他拆阅、分类及回复他的大部分私人信件。她的薪水不高，和其他从事相类似工作的人大

26

约相同。有一天，拿破仑·希尔口述一封回信，要求她用打字机把它打下来，其中有一句格言："记住：你唯一的限制就是你自己脑海中所设立的那个限制。"

当这位年轻小姐把打好的信交还给拿破仑·希尔时，她说："你的格言使我获得了一个想法，对你、我都很有价值。"

起初拿破仑·希尔并不太在意。但从那天起，拿破仑·希尔发现，她开始在用完晚餐后回到办公室来，并且从事不是她分内而且也没有报酬的工作。

她用心研究了拿破仑·希尔的风格，因此，她替拿破仑·希尔回复的信件跟他自己所能写的完全一样好，有时甚至更好。后来，拿破仑·希尔的私人秘书辞职，他开始找人来补这位秘书的空缺，很自然地想到这位小姐。但在拿破仑·希尔还未正式给她这项职位之前，她已经主动地接收了这项职位。由于她在下班之后，以及没有加班费的情况下，对自己加以训练，终于成为拿破仑·希尔一个极为得力的助手。

拿破仑·希尔已经多次提高她的薪水，她的薪水比当初提高了四倍。但在拿破仑·希尔看来，这样的薪水仍不能体现她的重要价值。

值得注意的是，这位年轻的小姐的进取心，除了使她的薪水大为增加外，还为她带来一个莫大的好处。在她身上，已经发展出来一种愉快的精神，为她带来其他速记员永远无法领会的幸福感。她的工作已经不是工作了——而是一个极为有趣的游戏，由她自己去玩。甚至即使比一般的速记员提早来到办公室，而且在她们一听到钟敲五点钟而下班之后，她还留在办公室内，但是，比较起来，感觉上，她的工作时间反而比其他工作人员更容易度过。

确实，对于用心工作而不计报酬的人来说，辛苦工作的时间并不难熬。

刚刚踏入社会的年轻人，对于薪水常常缺乏更深入的认识和理解。其实，薪水只是工作的一种报酬方式，年轻人更应该关注工作本身所带来的报酬。因为工作本身就是一种报酬，而且是给你的最大报酬。你完全可以利用工作的机会，发展个人的技能，增加个人的社会经验，提升你自己的个人魅力。与在工作中获得的技能与经验相比，微薄的薪水又算得了什么呢？公司给你的是金钱，而你的用心和努力工作，换来的却是让你终生受益的能力，那才是你的立身之本。

这里还有一个真实的故事：小姜大学毕业，签了一家合资公司，但员工试用期工资少得可怜。好些同学能力不如他，但找的单位工资福利都不错，过得逍遥快活。只有小姜每天晚睡早起，每月到手的只有区区几百元钱。朋友们都替他委屈。可是小姜笑笑，并不觉得难为情。他每个月都会进修两本专业书，还利用一切闲暇时间来自学德语。

半年后，小姜结束了试用期，还有了真正的初级技术职位，但他的工资还是很低，还不到一些老员工的一半。但小姜没有抱怨，仍然勤勤恳恳地工作，用心完成每一项任务，没有请过一次病假、事假。两年过去，小姜已啃完了一大摞厚厚的行业专业书，德语也说得流利了。

直到有一天，小姜向公司递交了辞呈，很多人都很意外。用同事的话说，他最不像要走的人。但是小姜执意要走。或许在这时候，公司才真正意识到他的价值。小姜所在的研发部两年来都在负责一个国家级项目，作为新人的小姜出色地独立完成了所有的程序调试，为项目完成立下了汗马功劳。老总找他谈话，以加工资和升职极力挽留他。他去意已决，说自己并不是因为钱而离开。对于两年多的低薪生活，小姜也没有抱怨，他诚恳地说：能有幸在这个公司里和一群最优秀的人一起工作，非常感激。

就这样，带着优秀的工作履历和公司外籍专家的推荐信，小姜很快走进了一家顶尖德企的大门。现在，他已是那家德企研发部的高级工程师。

和拿破仑·希尔的那个年轻秘书一样，小姜也认识到了这样一个道理：当你只为薪水而工作时，你无形中就在脑海里为自己设立了限制，你只能得到那些薪水，而会失去很多东西。正如你如果只为吃饭而活着，那么你就只能维持着吃饭的生活。

一个人如果总是为自己到底能拿多少薪水而大伤脑筋的话，他又怎么能看到金钱背后可能获得的成长机会呢？他又怎么能意识到从工作中获得

认真做只能合格，用心做才能优秀

Ren Zhen Zuo Zhi Neng He Ge, Yong Xin Zuo Cai Neng You Xiu

的技能和经验，对自己的未来将会产生多么大的影响呢？这样的人只会无形中将自己困在装着薪水的信封里，永远也不懂自己真正需要什么。

有一位诗人曾这样写道："生活只是一个雇主；你要求什么，他给予什么。一旦你定下了固定的酬劳，那你只能忍受着相应的工作，像仆人一样工作，忙碌而无所作为。终于我沮丧地发现，原来不管我向生活要多高的报酬，生活都会将它实现，只是我最初要求太少。"

要记住，能力比金钱重要万倍。金钱可能会遗失，但能力谁也拿不走。你要做的应该是用更多的时间去接受新的知识，培养自己的能力，展现自己的才华。在你未来的资产中，它们的价值将远远超过现在所积累的货币资产。当你从一个新手、一个无知的员工成长为一个熟练的、高效的管理者时，你实际上已经大有收获了。你所拥有的那些无形的东西，再多的金钱都买不来。

用心感言

为了薪水，一个人只会用力做事；只有为了热爱的工作本身，为了人生的使命和自我价值的实现，才可能用心做事。人生的追求不仅仅只是满足生存需要，还有更高层次的需求，有更高层次的动力驱使。不要放松自己，要时刻告诫自己，人要有比追求薪水更高远的目标。

拥有一颗平和的工作心

不可否认，如今的大学生再也不会像20多年前那样，到哪里都是抢手货。年轻人带着成就事业的梦想踏入社会，却不得不面对空前激烈的竞争。在残酷的现实面前，是平和如常、用心工作？还是失望沮丧、自怨自艾？这难免要做出抉择。

抱怨和愤怒，只是弱者的表现，永远解决不了任何问题。在很多情况下，认真着手实现梦想，首先需要保持平和似金的心态。

举世闻名的埃及金字塔是由谁建造的？要答对这个问题似乎很简单。早在古罗马时代，被誉为"历史之父"的希罗多德就在名著《历史》中记载，金字塔是由30万奴隶建造的。从小到大，我们接触的各类历史教科书和历史读物也都以希罗多德的说法为准。

然而，这个问题现在又有了另一个答案。2010年1月10日，埃及文化部发表声明说，通过对开罗近郊的吉萨金字塔附近600处墓葬的发掘考证，金字塔是由当地具有自由身份的农民和手工业者建造的。埃及最高文物委员会秘书长扎希·哈瓦斯说："这些墓穴建在法老的金字塔旁，说明墓中所葬的这些人绝不是奴隶，因为奴隶的坟墓不可能直接建在法老坟墓的旁边。"

最让人吃惊的是，实际上第一个做出这个判断的并不是现代的考古学家，而是400多前年的一个瑞士钟表匠。1560年，这个叫塔·布克的钟表匠在埃及的金字塔游历时，便大胆地认为：金字塔的建造者，不是奴隶，而是一批欢快的自由人！

那么，在没有任何考古学证据的情况下，塔·布克又是如何得出这种结论的呢？为了搞清这个问题，埃及国家博物馆馆长多玛斯开始搜集布克的有关资料。最后，他发现布克是从钟表的制造推断出那个结论的。

塔·布克原是法国的一名天主教信徒。1536年，因反对罗马教廷的刻板教规，他被捕入狱。由于他是一位一流的钟表匠，入狱后，被安排制作钟表。但他发现，无论狱方采取什么手段，都不能使他制作出日误差低于1/10秒的钟表。而他在自己的作坊里，却能使钟表的误差都低于1/100秒。

为什么会出现这种情况？多玛斯在塔·布克的资料中发现了这么两段话：

"一个钟表匠在不满和愤懑中，要想圆满地完成制作钟表的1200道工序，是不可能的；在对抗和憎恨中，要精确地磨锉出一块钟表所需要的254个零件，更是比登天还难。"

"金字塔这么大的工程，被建造得那么精细，各个环节被衔接得那么天衣无缝，建造者必定是一批怀有虔诚之心的自由人。真难想像，一群有懈怠行为和对抗思想的人，能让金字塔的巨石之间连一片刀片都插不进去。"

这就是问题的答案：只有带着平和的心去工作，才能在身心和谐的情况下，把能力发挥到最佳水平；而在对抗、憎恨或懈怠的心态中，别指望有奇迹发生。

在职场中也是如此：带着抱怨和不满工作，不仅无让你一事无成，也是对自己身心的最大伤害。所以必须在遭遇任何境遇的情况下，都应该保持平和的心态。

美国人托马斯·沃特曼曾经写过这么一个故事：通用公司要裁员，名单公布，有内勤部办公室的艾丽和密娜达。公司规定一个月后离岗。那天，大伙看她俩都小心翼翼，更不敢和她们多说一句话。因为，她俩的眼圈都红红的。这事摊到谁身上都难以接受。

第二天上班，艾丽的情绪仍很激动，谁跟她说话，她都像灌了一肚子的火药，逮着谁就向谁开火。裁员名单是老总定的，跟其他人没关系，甚至跟内勤部都没关系。艾丽也知道，可心里憋气得很，又不敢找老总去发泄，只好找杯子、文件夹、抽屉撒气。"砰砰"、"咚咚"，大伙的心被她提上来又摔下去，空气都快凝固了。

艾丽仍旧不能出气，又去找主任诉冤，找同事哭诉："凭什么把我裁掉？我干得好好的……"眼珠一转，滚下泪来。

自然，办公室订盒饭、传送文件、收发信件，原来属于艾丽的分内事，现在也没有人干了。

不久听说，艾丽找了一些人到老总那说情，好像都是重量级的人物，艾丽着实高兴了几天。不久又听说，这次裁员谁也通融不了。艾丽再次受到打击，气冲冲的，异样的目光在每个人的脸上扫来扫去。许多人开始怕她，都躲着她。艾丽原来很讨人喜欢，但后来，她人未走，大家却有点儿讨厌她了。

密娜达也很讨人喜欢。同事们早已习惯了这样对她："密娜达，快把这个打一下，快点儿！""密娜达，快把这个传出去！"密娜达总是连声答应，手指像她的舌头一样灵巧。

裁员名单公布后，密娜达哭了一晚上，第二天上班也无精打采，可打开电脑，拉开键盘，她就和以往一样开始干开了。密娜达见大伙不好意思再吩咐她做什么，便特地跟大家打招呼，主动揽活。她说："是福跑不了，是祸躲不过，反正是这样了，不如干好最后一个月，以后想干恐怕都没机会了。"密娜达心里渐渐平静了，仍然勤快地打字复印，随叫随到，坚守在她的岗位上。

一个月满，艾丽如期下岗，而密娜达却被从裁员名单中删除，留了下来。人事部主任还当众传达了老板的话："密娜达的岗位，谁也无可替代；密娜达这样的员工，公司永远不会嫌多！"

面对任何不幸都保持本性，不因为遭遇一些意外而惊惶失措，而是保持平和的心态而用心工作，这就是密娜达职场成功的秘诀。

用心感言

　　一个用心工作的人，必定有一颗平和的心。在充满压力的现代职场，保持平和的好心态，不让自己的情绪像坐电梯那样忽上忽下，我们就可以平静地去看待很多事情。中国有句古话叫"相由心生"，人的外在表现其实完全由内心掌控，心态平和的人能自由、充分地发挥能力，甚至可以抵挡任何挫折。

多用一点儿心，多一份专注

用心与专注的关系，就像一对孪生兄弟。当你没有用心时，你就无法真正专注于工作。关于这一点，美国汽车推销之王乔·吉拉德曾有过一次深刻的体验。

一次，某位名人来向他买车，他精心挑选，推荐了一种最好的车型给他，那人对车很满意。眼看就要成交了，对方却突然变卦而去。乔为此事懊恼了一下午，百思不得其解。到了晚上11点，他忍不住打电话给那人："您好！我是乔·吉拉德，今天下午我曾经向您介绍一部新车，眼看您就要买下，却突然走了。"

"喂，你知道现在是什么时候吗？"

"非常抱歉，我知道现在已经是晚上11点了，但是我检讨了一下午，实在想不出自己错在哪里了，因此特地打电话向您讨教。"

"真的吗？"

"肺腑之言。"

"很好！你用心在听我说话吗？"

"非常用心。"

"可是今天下午你根本没有用心听我说话。就在签字之前，我提到犬子吉米即将进入密歇根大学念医科，我还提到犬子的学科成绩、运动能力以及他将来的抱负，我以他为荣，但你毫无反应。"

乔不记得对方曾说过这些事，因为他当时根本没有注意。乔认为已经谈妥那笔生意了，他无心听对方说什么，而是在听办公室内另一位推销员讲笑话。这就是乔失败的原因：那人除了买车，更需要得到对方对于他优秀儿子的称赞。

专注，是用心做事的一种体现。有时候，你认真工作，以为干得细致到位、无可挑剔，但如果你没有真正用心，你就做不到完全的专注，一个小小的失误就能让你满盘皆输。

大物理学家牛顿经常感慨地说："心无二用，心无二用！"有一次，给他做饭的老太太有事要出去，告诉牛顿鸡蛋放在桌子上，要他自己煮鸡蛋吃。过了一会儿，老太太回来了，掀开锅盖一看，大吃一惊：锅里竟然有一只怀表！再一看，鸡蛋还好好地放在桌子上。原来，牛顿因为专心运算，错把放在鸡蛋旁边的怀表给煮了。又有一次，牛顿牵着马上山，走着走着，突然想起了研究中的某个问题，他专注地思考着，不由得松开手，放掉了马的缰绳，马跑了，他却全然不知。直到走到山顶，前面没了路时，牛顿才从沉思中清醒过来，发现手中牵着的马跑了。正是因为牛顿这样"心无二用"地专注于学术，才成就了他伟大科学家的美名。

有一次，一位朋友参观雕塑大师罗丹的工作室。罗丹穿着粗布工作衫，只跟朋友交谈了几句，就专注地工作起来，完全忘掉了朋友的存在。直到工作告一段落，他正要出门时，才想起这位朋友来，于是为自己的失礼连声道歉。这位朋友对罗丹的工作热情敬佩不已，他感慨地说："再没有什么像亲眼见一个人全然忘记时间、地点与世界那样使我感动。那时，我领悟到一切艺术与伟业的奥妙——专注。那就是完成或大或小的事业的全力集中，把易于分散的精力专注在一件事情上的本领。"

要做到专注，没有什么特别的秘诀，只需要用心于一点。我们都知道这样一个实验：将凸透镜放在阳光下，对着一片叶子。由于聚拢光线而增加了热度，所以透镜下的叶子很快燃烧起来。但如果没有凸透镜呢？即使再暴烈的阳光也不会使叶子燃烧。只有将分散的热量聚集到一起，才会达到燃点。这个实验很形象地说明了一个道理：保持专注的精神可以聚集和发挥更大的能量。

拿破仑在面对不计其数的强敌时，总能所向披靡，关键在于他总是将军队调集到两军交战处。他的炮兵部队常常敌众我寡，却总能克敌制胜，原因在于他集中火力攻击敌军的某一个点。

工作时也应该这样。你的心神只有全部集中在一点上，才会促使自己全力以赴地工作。如果一个人是在专注地做事，那么他会知道自己现在正在做什么，也明白自己将来想做什么，因此他会尽量避开歧途和不重要的支线，以免妨碍自己向真正的目标进发。就像一个攀登峭壁的人，从不左顾右盼，更不会向脚下的万丈深渊看上一眼，他们只是聚精会神地观察着眼前向上延伸的石壁，寻找下一个最牢固的支撑点，摸索通向巅峰的最佳路线。

有记者采访爱迪生时问道："成功的第一要素是什么？"爱迪生回答

说；"能够将你身体与心智的能量锲而不舍地运用在同一个问题上而不会厌倦的能力……你整天都在做事，不是吗？每个人都是。假如你早上 7 点起床，晚上 11 点睡觉，你做事就做了整整 16 个小时。对于大多数人而言，你们肯定是一直在做一些事，唯一的问题是，他们做很多很多的事，而我只做一件。假如他们将这些时间运用在一个方向、一个目的上，那么就会成功。"

最成功的人，都是能够迅速而果断做出决定的人。他们总是先确定并固定自己的主要目标，然后集中精力，用心为这个目标而努力工作，就像牛顿、爱迪生、罗丹那样，最终获得成功。

用心感言

你可能长时间卖力工作，聪明睿智，才华横溢，甚至好运连连，但如果你无法专注地做事情，不知道自己的方向是什么，一切都会徒劳无功。任何事情只要值得去做，我们就应该用心专注去做，一直做到该放手的时候为止。

 ## 用心经营自己的长处

当我们在找工作时，首先必须认识到，只有用心寻找和发掘自己的长处，并与未来的职业结合起来，我们的人生才有希望获得成功。

有人做过调查，发现有一半的人正是因为找到了自己最擅长的职业，才彻底掌握了自己的命运。但可惜的是，社会上大多数的人，只会羡慕别人，或者模仿别人做的事，很少有人去认清自己的专长，了解自己的能力，所以大多数人不能够成就大事。

做最擅长的事，才能做得最好。不选择自己最擅长的工作是愚蠢的，就相当于拿自己的短处和别人竞争，不论你如何认真努力，结果必然是失败。就像富兰克林所说的："宝贝放错了地方便是废物。"

美国作家马克·吐温曾有过经商的经历。第一次，他从事打字机的投资，结果被人欺骗，赔了19万美元；第二次，他办出版公司，结果又因为不懂经营而赔了近10万美元。这两次经商失败后，马克·吐温不仅把自己多年呕心沥血换来的稿费赔了个精光，还欠了一屁股债。马克·吐温的妻子已经看出，丈夫的文学天赋无人能及，却不是经商的材料，于是就劝马克·吐温放弃经商的道路，重新振作精神，回到文学创作的路上来。经过一番深思熟虑，马克·吐温重新拿起了笔，于是他很快摆脱了失败的痛苦，迎来他在文学创作上的辉煌。

美国著名行为学家杰克·豪尔在题为《从自己的专长着手打造成功》的报告中，非常明确地指出："人与人之间的竞争，不是聪明与不聪明的比赛，而是不同专长的比较。成功者之所以成功，都是因为在专长上充分施展了自己的优势。如果一个人能在自己的专长上发挥86%的能力指数，那么他就可以获取成功了。"

在雅典和北京两届奥运会上，年轻的美国游泳队选手迈克尔·菲尔普斯一共拿到了14枚奥运金牌，成为奥运会历史上前无古人的"英雄运动员"。然而谁能想到，小时候的菲尔普斯却是个有自闭症的"问题孩子"。他父母在他7岁时便离异，这使得他从小在学校就有一种不安全感。老师们被他的好动弄得焦头烂额，同学们经常把他当成嘲笑的对象；在中学时，他的一位老师更是对他妈妈直言不讳：他永远不会取得成功。

好在菲尔普斯有一位坚强而用心的好妈妈。她并不认为自己孩子无可救药，而是用心从这个孩子身上寻找长处，结果发现他手长腿短的体型适合游泳。于是，7岁时，菲尔普斯开始接触游泳。在妈妈的鼓励和教练的指导下，他的天赋很快就显现出来，并突飞猛进的发挥出优势，最终成为游泳运动历史上最伟大的全能运动员之一。

菲尔普斯被人们视为罕见的游泳天才。其实，所谓的天才，不过是掌握了这样一个秘密的人：放过自己的弱点，用心经营自己的长处。

一家著名的电脑公司公开向社会招聘高层管理人员。有一位女士也参加了应聘，但她既没有学过电脑，也没有从事过任何与电脑相关的工作。相比之下，一同应聘的竞争对手，都是受过专门训练的有经验的电脑工作人员。看起来，她成功的机会微乎其微。有认识她的人知道她去应聘，就嘲笑她不自量力。但让他们大跌眼镜的是，电脑公司最终录取的却不是那些有经验的人，而是她。这是怎么回事呢？

原来，当那些熟悉的应聘者各显神通的时候，她却在不断地询问：公司董事会目前最关心的是什么问题？公司继续发展下去，应该成为一个怎么样的公司？公司需要什么样的管理人才？……她通过细致的观察和深入的了解，发现公司目前所缺少的不是技术人才，而是有战略思想的管理人才。在经过周密的思考和认真的整理之后，她向公司递交了一份有关这方面的详细报告，并在后面附上了自己的意见和建议。正是从这份报告中，公司领导看到了她的才能，认为她正是公司需要的管理人才。于是，她被电脑公司录用了。

这家电脑公司，就是大名鼎鼎的惠普公司。而被惠普公司录用的那位女士，就是卡莉·菲奥里纳。后来，45岁的她，成了惠普新的掌门人。

同那些熟悉电脑的应聘者相比，无论是技术还是经验，卡莉·菲奥里纳都处于绝对的劣势。聪明的她意识到了这一点，于是用心凸显自己的长处，最终脱颖而出，达到了自己的目的。

用心感言

没有人是全能的，成功者只是比一般人更用心经营自己的长处。每个人都有长处和不足，如果能够正确认识自己的长处，用心进行经营，必定会给你的人生增值；相反，如果根本不用心分清自己的长处和不足，或者误将不足当成长处去经营，则必定会使你的人生贬值。

第二章

认真完成的是任务，用心担当的是责任

做自己工作的主人

你也许会有这样的感受：自己的工作态度不可谓不认真，可就是没法再进一步，变得更积极主动；相反，工作中还会产生消极情绪，时时困扰着自己。其实，要解决这些困扰，最好的办法是冷静下来，好好反思这样一个问题："我在为谁工作？"

这个问题看似简单，但如果不弄清楚，你很可能就与成功无缘。因为，一个人的工作态度折射着人生态度，而人生态度决定一个人一生的成就。

有些人缺乏工作的热情，总会说诸如"我不给他干了"之类的话，认为每天是在为老板打工、为公司打工。抱着这种心态工作的人，无疑是在自毁前程，他们也许拥有丰富的知识、非凡的能力，却永远不会成长和发展，更谈不上干一番事业。

有这样一个广泛流传的故事：一个老木匠打算退休，回家享受天伦之乐。老板对此非常遗憾，舍不得能干的老木匠离开，问他能否帮忙最后再建一座房子，说是要送人。老木匠同意了。可是，他对工作已经不用心了，他用的是廉价的材料，做出的是粗活。

等房子造好了，老板却亲手把房门钥匙交到木匠手中，说："这房子归你，算是我送你的礼物吧，感谢你多年来的工作！"这个意外，让老木匠大感震惊，羞愧得无地自容。如果当初知道这是在给自己建房子，他无论如何会用心建造的。可是现在，他只好住在这座粗制滥造的房子里了。

我们每个人都可能是这个木匠。我们今天的工作，每一份付出和努力，都会切实地体现在自己未来的生活中。如果我们不能用心工作，将来就只能自食恶果。从这个意义来说，我们的工作不是为了公司，也不是为了老板，而是为了我们自己。只有自己，才是工作的主人。

美国著名出版商乔治.W.齐兹12岁时，便到费城一家书店当营业员，他工作勤奋，而且常常积极主动地做一些分外的工作。他说："我并不仅仅只做我分内的工作，而是努力去做我力所能及的一切工作，并且是一心一意地去做。我想让老板承认，我是一个比他想象中更加有用的人，只有这样，我才能够得到我想要的。"

1910年，松下幸之助到樱花水泥公司做临时搬运工。他虽然年轻，但不强壮，在尘土飞扬的水泥厂干这种苦力活非常吃力，一天下来，浑身像散了架似的，鼻子眼睛都是灰尘。几乎所有做这种工作的人，只是为了挣钱度日，松下幸之助却把这项工作当做了解工人、学习如何与工人相处、学习如何管理工人的途径，这为他日后走上管理岗位积累了丰富的经验。因此，即使是做一名搬运工，松下幸之助也将工作当成自己的生活方式，表现出了超乎常人的勤奋和敬业。

当你拥有工作的时候，你正在体现你生命的价值；当你用心做好一份工作的时候，你正在使你的生命升华。只有懂得工作不仅是为企业，更是为自己的人，才能真正懂得工作是多么快乐，生命是多么有意义。

迈克、玛丽和迪安同时进入同一家公司，不同的心态让他们收获了不同的命运。

迈克做事认真，但从来都是按时上下班，从不行差踏错；职责之外的事情一概不理，分外之事更不会主动去做。不求有功，但求无过。他常常说："那么拼命为什么？大家不都拿同样一份薪水吗？"工作遇到不顺心时，他自我安慰："反正晋升上去是少数人的事，大多数人还不是像我一样原地踏步，这样有什么不好？"

玛丽则永远悲观失望，似乎总是在抱怨他人与环境；认为自己所有的不如意，都是由于环境造成的。她有优秀的潜质，却整天生活在负面情绪当中，无法发挥潜能，完全享受不到工作的种种乐趣。更糟的是，她总是牢骚满腹，把消极情绪不知不觉地传染给其他人。

而迪安呢？公司里经常可以看到他忙碌的身影，他热情地和同事们打着招呼，精神抖擞，积极乐观。迪安总是积极地寻求解决问题的办法，从不为一时的挫折而沮丧失落。他虽然整天忙忙碌碌，却时刻享受着工作的乐趣。同事们也都喜欢和他接触。

一年后，迈克仍然做着秘书工作，上司对他的评价始终不好不坏，可是公司要进新人了，危机感时时笼罩着他。

这年经济不景气，公司裁员，部门经理首先就想到了爱发牢骚的玛丽。第一轮裁员刚刚开始，玛丽就接到了解聘信。

而迪安已经从销售员的办公区搬走，他被提升为销售经理，开始迎接新的挑战。

这就是他们三人的不同：一个面临失业的危险，一个已经被解聘，一个得到晋升，其中最关键的差别不在于智慧或能力，而在于工作的心态。一个人的态度直接决定了他的行为，决定了他对待工作是尽心尽力还是敷衍了事，是安于现状还是积极进取，从而决定了他的成就大小。

认识到我们是在为自己工作，意味着自我负责和自我激励。只有把自己当成工作的主人，才能够自己对自己负责，自己激励自己进步，才能掌握自己的命运。

用心感言

　　那些用心工作的人，必然是自己工作的主人。他们知道，工作是自己的，而不是别人的；只要做着自己认为有意义的工作，就不必在乎别人的看法。他们积极工作，从工作中获取快乐与尊严，生命也因此更有价值。

责任心高于一切

许多人认为，只要准时上班、按时下班、不迟到、不早退，就算是敬业了，可以心安理得地去领薪水了。其实，真正的敬业需要一种更为严格的工作态度，需要你工作更用心。这里的"心"，很大程度上指的是责任心。

有一个关于德国人守时的笑话，说一个开高架吊车的工人刚刚把拖着水泥板的吊臂升到半空，这时下班的钟声敲响了。这位工人立即将车熄火，爬下梯子下班回家了，任由吊车的吊臂拽着水泥板悬在半空。这个笑话在嘲笑德国人过分守时的刻板的同时，却忽视了一点：德国人是很守时，但对工作更负责任：故事里的德国工人可能会准时下班，但绝不会把水泥板吊在半空。

工作就意味着责任。一个人不论从事何种职业，都应该揣着一颗责任心，敬重自己的工作，尽心尽力，这才是真正的敬业。

每个人都肩负着责任，对工作、对家庭、对亲人、对朋友，我们都有一定的责任，正因为存在这样或那样的责任，才能对自己的行为有所约束。社会学家戴维斯说："放弃了自己对社会的责任，就意味着放弃了自身在这个社会中更好的生存机会。"

据说前总统杜鲁门的桌子上摆着一个牌子，上面写着：Book of stop here（问题到此，不能再拖）。这就是责任。总统有总统的责任，管理者有管理者的责任，员工有员工的责任。一个人责任感的强弱决定了他对待工作是尽心尽责还是得过且过，而这又决定了他做事的好坏。

浙江某地用于出口的冻虾仁被欧洲一些商家退了货，并且要求赔偿。

原因是欧洲当地检验部门从 1000 吨出口冻虾仁中查出了 0.2 克氯霉素，即氯霉素的含量占被检货品总量的 50 亿分之一。经过自查，环节出在加工上。原来，剥虾仁要靠手工，一些员工因为手痒难耐，用含氯霉素的消毒水止痒，结果将氯霉素带入了冻虾仁。

这起事件引起不少业内人士的关注，有人说 50 亿分之一的含量已经细微到极致了，也不一定会影响人体，只是欧洲国家对农产品的质量要求太苛刻了；也有人认为这是技术壁垒，当地冻虾仁加工企业和政府有关质检部门的安全检测技术，大大落后于国际市场对食品质量的要求，根本测不出这么细微的有害物。

然而，无论人们如何评判这次事件的结果，我们都可以从中吸取这样一条教训：因责任心的缺失而导致的错误，无论多么细小，都可能造成巨大的损失。

美国大兵马可尼讲过这样一个故事：军校毕业后，马可尼在一艘驱逐舰上工作。他所在的那艘舰艇是三艘姐妹舰中的一艘。这三艘舰来自同一份设计图纸，由同一家造船厂制造，被配备到同一个战斗群中去。这三艘舰上人员的所在地也基本相同，船员们经过了同样的训练课程，并从同一个后勤系统中获得补给和维修服务。但是，经过一段时间后，三艘舰艇的表现却迥然不同。

其中一艘似乎永远都无法正常工作，它无法按照操作安排进行训练，在训练中表现也很差劲。船很脏，水手们的制服看上去皱巴巴的，整艘船弥漫着一种缺乏自信的气氛。第二艘刚好相反，从来没有发生过大的事故，在训练和检查中表现得良好。每次任务都完成得非常圆满。船员们也都自信十足，斗志激昂。第三艘舰艇则表现平平，不好也不坏。

起点一样，人员素质在同一起跑线上，三艘舰艇也都有着同样的设备、人员和操作流程，那么造成这三艘舰艇不同表现的原因在哪里呢？大兵马可尼后来得出的结论是：因为舰上的指挥官和船员们对"责任"的看法不一。

表现最好的舰艇是由责任感强的管理者领导的，而其他两艘却不是。表现最出色的舰艇秉承的责任观念是：无论发生什么问题，都要达到预期的结果。而表现不佳的指挥官却总是急于寻找借口，如"发动机出问题了"、"我们不能从供应中心得到需要的零件"等。于是，责任心的差异，使得三艘舰艇表现出了天壤之别。

许多公司的连锁店也有相似的情形。连锁经营这种模式最令人不可思议的一点，就在于每个连锁店的经营状况都是不一样的。尤其两个处在类似位置，拥有相同运营系统、市场策略、设备、技术和市场定位的连锁店，其经营结果却大相径庭，这是为什么呢？

表现不好的连锁店常常会把责任推到该店位置、个别店的特殊性或者本地区客户的特别态度上。但是，在任何一个具备一定规模的连锁店网络中，你总能发现一家虽然坐落的位置更差，但却表现得更出色的店。恶劣表现的所有理由，实际上都是站不住脚的。

真正的差异本质在于，连锁店主是否真的用心去经营，是否有一颗把店经营好的责任心。

对待工作，是充满责任心、尽自己最大的努力，还是敷衍了事、得过且过，这一点正是事业成功者和事业失败者的分水岭。

在我们的工作中，责任心必须培养，也完全可以培养。这需要我们用心注意工作中的每一个细节。当带着责任心工作成为一种习惯，成了一个人的生活态度，我们就会自然而然地担负起责任吧，不会觉得麻烦和累。

一位曾多次受到公司嘉奖的员工说："我因为责任心而多次受到公司的表扬和鼓励，其实我觉得自己真的没做什么。我很感谢公司对我的鼓励，其实担当责任或者愿意负责并不是一件困难的事，如果你把它当做一种习惯的话。"

当承担责任成为你的工作习惯时，你的身上就会焕发出无穷的人格魅力。

　　对工作负责就是对自己负责。如果你不愿意拿自己的人生开玩笑，那就带着一颗责任心去工作，勇敢地负起责任。如果你在工作中，对待每一件事都是"Book of stop here"，出现问题也绝不推脱，而是设法改善，那么你将赢得足够的尊敬和荣誉。

多用点儿心，多担份责任

　　一家企业的总经理曾感慨地说："当年我在一家公司做策划部主任的时候，部门里有个年轻人，明明极为聪明，好创意很多，可就是不说。开会的时候，他从来不主动发言；你问到他头上，他也不会一次把所有的想法都说出来。可每当让他做一些策划的时候，那些火花呀、创意呀，又让你不得不承认他做得漂亮。我曾经几次跟他谈过，我认为每一个部门的成就是大家一起创造的，在同一个集体里没有与自己无关的事。可他说，不是自己分内的事情，为什么要替别人操心？唉，人是聪明人，就是太聪明了。"

　　其实，在当今社会，像这样"聪明"的年轻人并不在少数。他们有才干、能力强，领导交代的任务也能完成，但就是"超然物外"、我行我素，不肯多担一点责任。

　　中国有一句老话叫"不在其位，不谋其政"，讲得是各司其职的道理。一个人只需要做好分内的事就行了，其他的事不必多管，反正管也管不了，这看起来似乎合情合理，其实是一种缺乏用心、不思进取的表现，与现代社会和企业的要求是格格不入的。在人才竞争的日趋激烈的今天，很有必要提倡"不在其位，先谋其政"。

　　许多公司会有这样一条试题："假如你是某一职位的负责人，让你负责某一项工作，你会怎样做？"要想回答好这一问题，就要求你"不在其位，先谋其政"，在平日工作中多用一点儿心，多担一些责任。

著名管理大师德鲁克认为，那些只注重过程，不重视结果，只注重权力，不重视业绩的管理者，都是企业的配角，因为他们的行为说明他们不能站在企业的高度为企业的整体业绩负责。相反，那些注重贡献，对企业整体绩效负责的人，无论其职位多低，他们都是企业的主角，因为他们能从企业的角度出发，对企业的整体业绩负责，他们才是真正意义上的"高级管理者"。

布莱恩·克莱门斯就是这样用心负责的"高级管理者"。他是美国考克斯有线电视公司的一名年轻工程师。有一天早上，克莱门斯到一家器材行去购买木料时，无意中听到有人抱怨考克斯公司的服务十分不好。那个人越说越起劲，结果听的人也越来越多。克莱门斯当时正在休假，他大可以置若罔闻，只管自己的事。可是他却走上前去说道："先生，很抱歉，我听到了你对这些人说的话。我在考克斯公司工作。你愿不愿意给我一个机会改善这个状况？我向你保证，我们公司一定可以解决你的问题。"

那些人脸上的表情都非常惊讶。克莱门斯当时并没有穿公司的制服，他走到公用电话旁打了个电话回公司，公司立即派出修理人员到那位顾客家中去找他，帮他解决问题。后来克莱门斯还多做了一步，他上班后还打了个电话给那位顾客，确定他对一切都心满意足。

像克莱门斯一样，主动担负起更多的责任，把企业的事当成自己的事，这样的员工才能真正获得成功。

某公司的人力资源总监讲述了这样一件事情：有一年，该公司的营销部经理带领一支队伍参加某国际产品展示会。在开展之前，有很多事情要做，包括展位设计和布置、产品组装、资料整理和分装等，需要加班加点地工作。可营销部经理带去的那一帮安装工人大多数和平日在公司时一样，不肯多干一分钟，一到下班时间，就溜回宾馆休息或者逛大街去了。经理要求他们干活，他们竟然说："没加班工资，凭什么干啊？"甚至有人还说："你也是打工仔，不过职位比我们高一点而已，何必那么卖命呢？"

在开展的前一天晚上，公司老板亲自来到展场，检查布展情况。当他到达展场时，已经是凌晨一点。让老板感动的是，营销部经理和一个安装工人正满头大汗地趴在地上，细心地擦着装修时粘在地板上的涂料。而让老板吃惊的是，其他人却无影无踪。

见到老板，营销部经理连连道歉，说自己失职了，没有能够让所有员工都来参加工作。老板拍拍他的肩膀，没有责怪他，而指着那个工人问："他是在你的要求下才留下来工作的吗？"

营销部经理把情况说了一下。原来，这个工人是主动留下来工作的，在他留下来时，其他工人还一个劲儿地嘲笑他是傻瓜。老板听了，平静地招呼他的秘书和其他几名随行人员加入工作中。

参展结束，刚回到公司，老板就开除了那天晚上没有参与工作的所有员工；同时，将最后留下来的那名工人提拔为安装分厂的厂长。

那一帮被开除的工人很不服气，去找人力资源总监理论："我们不就是多睡了几个小时的觉吗，凭什么处罚这么重？而他不过是多干了几个小时的活，凭什么当厂长？"他们说的"他"就是那个被提拔的工人。

这位人力资源总监告诉他们："用前途去换取几个小时的懒觉，是你们的主动行为，没有人逼迫你们那么做，怪不得谁。他虽然只是多干了几个小时的活，但据我们考察，他一向都是一个积极主动、认真负责的人，他在平日里默默地奉献了许多，做了许多工作。公司需要的就是像他这种以公司为家、对工作认真负责的人，而不是时刻想着自己、缺乏责任心的人。如果你们是公司老板，想必也会做出相同的处理决定。"

对于那个主动留下来工作的工人来说，虽然只是多做了几小时的工作，但他表现出来的强烈责任感，却能让他远胜于他人。在残酷的市场竞争中，企业需要的就是这种高度负责的人。

48

多用一点儿心，多担点儿责任，就会多一份机会。如果你学会把企业的困难当成是自己的困难，想企业之所想，急企业之所急，你的表现便能到达崭新的境界，你所得到的回报要远远超过你的预期。

以老板的心态对待工作

很多人都有这样的心态：公司是老板的，自己只是替别人工作，工作得再多，再出色，得好处的还是老板，与自己没有什么关系。抱着这种工作态度的人，很容易成为"按钮"式的员工。他们也许会认真工作，但只盯着自己份内的那些工作，做事按部就班，缺乏活力。可以肯定，这样的人永远只能做一个打工者，除了拿一点薪水外，他们毫无所获。

这样的人，应该听听英特尔总裁安迪·格鲁夫的建议。他在应邀对加州大学伯克利分校毕业生发表演讲时说："不管你在哪里工作，都别把自己当成员工，应该把公司看做自己开的一样。事业生涯除了你自己之外，全天下没有人可以掌控，这是你自己的事业。你每天都必须和好几百万人竞争，不断提升自己的价值，增进自己的竞争优势以及学习新知识和适应环境，并且从转换工作以及产业当中学得新的事物，虚心求教，这样你才能够更上一层楼以及掌握新的技巧，才不会成为 2015 年失业统计数据里头的一分子，而且千万要记住：从星期一开始就要启动这样的程序。"

定位决定地位，当你把公司视为自己事业的所在，把自己定位成老板、以老板的心态来对待工作时，你才可能一丝不苟、竭尽全力，你的能力和价值也将得到大幅度的提升。

有这样一个小故事，曾得到人们的共鸣：某小学准备排演一部叫《圣诞前夜》的小话剧。告示一贴出。小姑娘妮妮便去报名当演员。定角色那天，妮妮的妈妈发现妮妮很不开心，便问她："你被选上了吗？"

"选上了。"

"那你为什么不开心？

"他们让我扮演一只小狗！"说完，妮妮气呼呼地转身奔上楼，剩下爸爸和妈妈面面相觑。饭后，爸爸找妮妮谈了很久。没人知道两人谈了些什么，总之妮妮没有退出，她积极参加每次排练。妈妈很纳闷儿：一只狗有什么可排练的？但妮妮却练得很投入。

演出那天，爸爸妈妈都来到礼堂看演出，演出开始了。先出场的是"父亲"，他在舞台正中的摇椅上坐下，召集家人讨论圣诞节的意义。接着"母亲"出场，面对观众坐下。然后是"女儿"和"儿子"，分别坐在"父亲"两侧的地板上。在这一家人的讨论声中，妮妮穿着一套黄色的狗道具，手脚并用地爬进场。但这不是简单地爬，"小狗"蹦蹦跳跳、摇头摆尾地跑进客厅，她先在小地毯上伸个懒腰，然后才在壁炉边安顿下来，开始呼呼大睡。一连串动作，惟妙惟肖，引起了观众们的注意。渐渐地，观众已不再注意主角们的对白，几百双眼睛全盯着这只"小狗"。那一晚，妮妮幽默精湛的表演使得台下的笑声此起彼伏。她的角色没有一句台词，却抓住了所有观众的心。

后来，妮妮透露了爸爸跟她的那次谈话。让她改变态度的是爸爸的一句话："如果你用演主角的心态去演一只狗，狗也会成为主角。"

职场又何尝不是这样？当你以老板的心态去对待工作、像老板一样思考时，你也会成为公司的主角。有了老板心态，你就会成为一个值得信赖的人，一个老板乐于接受的人，也是一个可托付大事的人。

某银行有一位经理突然离职，留下许多重要紧急的工作。于是，副总经理分别找了三个能干的年轻人谈话，问他们是否能分担这位离职经理的工作，直到有新人接替为止。其中的两个人委婉地拒绝了，都说自己现在的工作已经很重，再也没法承担额外的工作。只有一位名叫保罗的年轻人当场同意并保证尽最大努力来完成工作。事实上，保罗手头的工作并不比另外两个年轻人少。现在，他不得不设法同时处理两件工作。

当天下午，保罗个人原来的工作完成后，下班时间已到，他冷静地研究应该怎样才能提高工作效率。他拿起一枝铅笔，飞快地写下每一个能想到的方法。

方法真的想出了不少。比如，他跟秘书订出一个规定，把所有的例行电话都集中在某一个时间；把所有的拜访活动都集中在一段时间；将一般的例行会议由 15 分钟减为 10 分钟；每天只集中对秘书口述一次。此外，他的秘书也表示很愿意替他分担一部分比较花时间的琐碎工作。

在一个礼拜内，他口述的信件比以前多了一倍，处理的电话多了一半，同时开会的次数也比以前多出一半，但出乎意料的是，他做起来易如反掌。

就这样过了几个礼拜，副总经理又找他谈话。首先夸奖了保罗的成绩，接着说银行高层一直在找人，但是都不理想；所以，他们决定把保罗升为银行经理，并大幅度地加薪。

保罗的经历证明了拿破仑·希尔的那句格言："你唯一的限制，就是你自己脑海中所设立的那个限制。"心态决定能力，你以为你能做多少，你就能做多少。你以老板的心态工作，你就能创造性地思考出各种方法，最终拥有老板的能力。

用心感言

以老板的心态对待工作，不光是为了得到薪水，更是为自己的事业创造条件。所以，作为一个年轻人，在开始工作的时候，要学会主动承担责任，为公司和企业尽心尽力。要时刻牢记：当你像老板一样思考时，你就成为了一名老板。

敬业精神使你更有竞争力

有这样一句话："天底下到处都是有才华的穷人。"此话不假。在我们的身边，不难发现这样的人：他们学历够高，能力很强，专业也极具水平，可是工作多年，他们仍处于社会人生金字塔的底层，不仅与成功无缘，还常常面临失业的危险。为什么呢？这里面可能有很多原因，但关键的有这么一点：他们还不够敬业。

什么是敬业？很简单，就是用心工作，干一行、爱一行，凡事全力以赴。具有敬业精神的人，即使智力和能力不如别人，也能在工作中脱颖而出，在行业里成为领先者。阿尔伯特·哈伯德说："一个人可以没有一流的能力，但只要你拥有敬业的精神，同样会获得人们的尊重。相反，如果你的能力无人能比，却没有基本的职业道德，也一定会遭到社会的遗弃。"

一份英国报纸刊登一则招聘教师的广告："工作很轻松，但要全心全意，尽职尽责。"事实上，不仅教师如此，所有的工作都应该全心全意、尽职尽责才能做好。而这正是敬业精神的基础。

一个不肯用心工作的人，必然与敬业精神无缘。比如有这样一个事例：阿泰在一家电脑配件店上班已经两年多了，但他仍然每天对经理这么说："你告诉要我做什么，我就会去做。"所以经理每天都得告诉他，怎样把商品摆得更显眼，怎样接待顾客，怎样介绍商品如此等等，像教刚工作的学徒一样。

像阿泰这样的员工，就是毫无敬业精神的"无心人"，那些真正敬业的员工不会这样。他们不管职位高低，不论从事的工作是不是自己所爱，都兢兢业业、全心全意地投入。

举世闻名的奔驰和宝马汽车让我们感受到德国工业品那种特殊的技术美感，从高贵的外观到性能良好的发动机，几乎每一个无可挑剔的细节都深深地体现出德国人对完美产品的无限追求。其实不仅是汽车，由于高品质，德国货在国际上几乎都是"精良"的代名词。日耳曼民族独步天下的严谨与认真，造就了德国货卓著的口碑。然而，又是什么造就了德国人的严谨与认真，并进而在国际上赢得如此高的声誉呢？

答案就是：敬业精神。德国货之所以精良，是因为德国人不是受金钱的刺激，而是用宗教般的虔诚来看待自己的职业，并把这种虔诚完全融入到产品的生产过程中，从而取得举世瞩目的成就。

正如一位成功的经营者所说："如果你能真正制好一枚别针，应该比你制造出粗陋的蒸汽机赚到的钱更多。"

有这么一个故事：一家人力资源部主管正在对应聘者进行面试。除了专业知识方面的问题之外，还有一道在很多应聘者看来似乎是小孩子都能回答的问题，不过正是这个问题将很多人拒于公司的大门之外。题目是这样的："在你面前有两种选择：第一种选择是担两担水上山给山上的树浇水，你有这个能力完成，但会很费劲。还有一种选择是，担一担水上山，你会轻松自如，而且你还会有时间回家睡一觉。你会选择哪一种？"

很多人都选择了第二种。当人力资源部主管问道："担一担水上山，没有想到这会让你的树苗缺水吗？"遗憾的是，很多人都没想到这个问题。

一个小伙子却选了第一种做法，当人力资源部主管问他为什么时，他说："担两担水虽然很辛苦，但这是我能做到的，既然能做到，为什么不去做呢？何况，让树苗多喝一些水，它们就会长得很好。为什么不这么做呢？"

最后，这个小伙子被留了下来。

如果担水上山是一个人的职业，那么为什么不尽可能多地担一担水，让树苗长得更好呢？每个人都有担水的能力，但是只有敬业精神才能够让一个人具有最佳的状态，才能使一个人将自己的工作能力发挥到极致。

任何一个老板都希望自己的公司能兴旺发达。因此，自然需要一批兢兢业业、埋头苦干的下属，需要具有强烈敬业精神的优秀员工。从这一点上说，敬业的员工，是老板最倚重的员工，也是最容易成功的员工。

当年轻的康拉德·希尔顿还是一名普通的酒店服务员时，酒店的高层领导已经看出来，这个年轻的清洁工必定前程无限，因为他是如此全身心地投入工作，如此地乐观自信，如此强烈地渴望成功。他经手的每一件事都能用心做到尽善尽美，这些都预示着他未来作为的不可限量。后来的事实证明，他们的预测是正确的。

用心感言

  人的才华是通向财富和成功之路的必要因素，但却不是全部因素。只有在一个诚心敬业的平台上，人的才华才能够发挥出其巨大力量，从而转化为事业的成功。

拒绝一切抱怨和借口

有这样一种人：他们在求职时念念不忘高位、高薪，工作时却不能忍受辛劳和枯燥；他们在工作中总是推三阻四，不能满足顾客要求，却寻找各种借口为自己开脱；他们工作毫无激情，任务完成得十分糟糕，却总有一堆理由抛给老板；他们总是挑三拣四，对工作环境怨这怨那……在我们周围，这样的人并不少见。

小柯是一家汽车修理厂的工人。刚进厂那会儿，他工作认真，凡事都积极主动去做。日子久了，烦琐沉重的工作让他产生了厌烦情绪，于是开始不停发牢骚，说"修理这活太脏了，瞧瞧我身上弄得"，"真累呀，我简直讨厌死这份工作了"……每天，小柯都是在抱怨和不满的情绪中度过。他认为自己在受煎熬，在像奴隶一样卖苦力。因此，一逮到机会，他便偷懒耍滑，应付手中的工作。

转眼几年过去了，当时与小柯一同进厂的几名年轻人，各自凭着自己精湛的手艺，或另谋高就，或被公司送大学进修了。独有小柯，仍旧在抱怨声中做他的修理工。

不可否认，工作带给我们的不仅有金钱和快乐，还有辛劳、枯燥、挫败甚至屈辱。实在忍受不了，发发牢骚，也是很正常的事。但如果整日喋喋不休地怨这怨那，陷于厌烦的情绪之中而无法自拔，我们将离成功越来越远。

美国独立企业联盟主席杰克·法里斯曾谈到自己少年时的一段经历：13岁时，法里斯开始在父母的加油站工作。他父亲让他在前台接待顾客。当有汽车开进来时，法里斯必须在车子停稳前就站到车门前，然后忙着去检查油量、蓄电池、传动带、胶皮管和水箱。法里斯注意到，如果他干得好的话，顾客大多还会再来。于是，法里斯总是多干一些，帮助顾客擦去车身、挡风玻璃和车灯上的污渍。

有段时间，每周都有一位老太太开着她的车来清洗和打蜡。这个车的车内地板凹陷极深，很难打扫。而且，这位老太太极难打交道，每次当法里斯给她把车准备好时，她都要再仔细检查一遍，让法里斯重新打扫，直到清除掉每一缕棉绒和灰尘她才满意。

渐渐地，法里斯有了厌烦情绪，他抱怨老太太鸡蛋里挑骨头，自己没法子再为她服务了。但他的父亲告诫他说："孩子，别抱怨，这是你的工作！不管顾客说什么或做什么，你都要记住做好你的工作，并以应有的礼貌去对待顾客。"

父亲的话让法里斯深受震动。他认为，正是在加油站的工作经历，使他学到了严格的职业道德。这在他以后的人生经历中起到了非常重要的作用。

"别抱怨，这是你的工作！"那些喜欢抱怨和找借口的人，确实需要这么一声棒喝。工作就是工作，不是玩乐。既然你选择了这个工作，就必须用心来接受它的全部，包括它的辛劳、枯燥、挫败甚至屈辱，而不是仅仅享受它的益处和快乐。

一个清洁工人如果不能忍受垃圾的气味，他永远不能成为一个合格的清洁工；一个推销员不能忍受客户的冷言冷语和脸色，他永远不能创下优秀的业绩。那些实现自己的目标、取得成功的人，并非有超凡的能力，而是切切实实把心用在了工作上。他们能积极抓住机遇、创造机遇，而不是一遭遇困境就心生抱怨和寻找借口。

用心感言

要学会坦然接受工作的一切，除了金钱和快乐，还有艰辛和忍耐。要知道，绝大多数事情没有做不好的，只有不用心去做的。与其经常为没做好某些事而抱怨，或百般寻找借口为失败而辩解，还不如试着将时间和精力用于寻找解决问题的方法，用心做点实实在在的事情。

困难当前，绝不轻言放弃

一个人是不是真的用心工作，要看他是否经得住困难和挫折的考验。

天下没有不劳而获的果实，工作不可能总是一帆风顺、事事遂心，难免会遭受困难和挫折，比如你的想法得不到上司的支持，工作受到其他同事的阻挠，主动提建议时总是遭到白眼，受到客户的冷落，等等。如果你工作不肯用心，缺乏意志和信念，一遇到挫折就放弃，就只能在失败的圈子里打转。

小李是某公司的销售人员。每天早晨，闹铃响了好几遍，他才从床上挣扎起来，脑子里第一个感觉就是，"痛苦的一天又开始了"。他匆匆忙忙地赶往公司，早餐也顾不上吃。到了公司，还是神情恍惚，坐在会议室，睡意朦胧地听着经理布置工作。

小李上午拜访客户，结果遭到拒绝和冷遇，心情简直糟透了。下午下班前回到公司填工作报表，胡乱写上几笔凑合一下交差，一天就这样结束了。

到了月底一看，工资才这么少，真没意思，看来该换地方了。于是小李很牛气地炒了老板的鱿鱼。一年下来，换了五六个公司。日复一日，年复一年，时间就这样耗尽了，他仍然一无所获，一事无成。

这就是一个没有用心工作、稍遇困难就退缩的人的真实写照。这种人平时从不好好研究自己的产品和市场状况，没有明确的计划和目标，从不反省工作中的经验、教训，从不认真找出更好的方法去解决困难，而是轻言放弃，混一天算一天。

像小李这样的人其实不少。有人曾做过这样一个调查：

46%的推销员找过1个人以后就放弃了；

25%的推销员找过2个人以后就放弃了；

15%的推销员找过3个人以后就放弃了；

只有12%的推销员，在找过3个人以后继续努力下去，结果80%的生意是这些12%的推销员做成的。他们的成功不是基于机遇、方式和技巧，而是靠不懈地努力。

朝日生命保险公司的齐藤竹之助曾经在前后大约3年的时间内，往一位顾客那儿跑了300余回，终于成功地签订了合同。他也曾经有过8年间来回奔波500多次，终于使合同得以签订的事例。每逢去访问这样的顾客时，他总是抱着"不一定什么时候，一定会成功地完成销售"的坚定信念而去，即使碰到顾客冷言相待，仍然信心十足，坚持拜访。

有本书叫《不可阻挡》，作者是辛西亚·克西，书中记述了这样一个故事：比尔·波特是美国成千上万推销员中的一个，但他走的路要比一般人艰难得多。他从出生起就大脑神经系统瘫痪，影响到说话、行走和对肢体的控制。比尔长大后，人们都认为他存在严重的缺陷和生理障碍，州福利机关将他定为"不适于被雇佣的人"，专家也认为他永远也不能工作。

但比尔的母亲一直鼓励他做一些力所能及的事情，她一次又一次对他说："你能行，你能够工作，能够自立。"比尔得到母亲的鼓励后，开始从事推销工作。他从来没有将自己看做残疾人。找工作的时候，好几家公司都拒绝了他，但比尔没有放弃。最后，怀特金斯公司勉强接受了他，但也提出了一个条件——比尔必须接受没有人愿意承担的波特兰地区的业务！虽然条件苛刻至极，但毕竟有一份工作了，比尔当即答应了。

1959年，比尔第一次上门推销，犹豫了四次，他才鼓起勇气按响门铃。第一家人没有买他的商品，第二家、第三家也一样……但他坚持着，即使顾客对产品丝毫不感兴趣，甚至嘲笑他，他也不灰心丧气。终于，他取得了成绩，由小成绩到大成绩。

他每天工作及路上的时间得花去14个小时，当他晚上回到家时，已经筋疲力尽，他的关节很疼，偏头痛也时常折磨着他。每隔几个星期，他会打印一份顾客订货清单。由于他只有一只手是管用的，这项别人做起来非常简单的工作，他却要花去10个小时。但无论怎么辛苦，他都能够顶住。比尔负责的地区，有越来越多的门被他敲开，他的业绩也不断增长。在他做到第24年时，他已经成为公司销售技巧最好的推销员。

进入20世纪90年代时，比尔60岁了。怀特金斯公司已经有了6万多名推销员，不过，他们是在各地商店推销商品，只有比尔一个人仍然是上门推销。许多人在打折商店整打整打地购买怀特金斯公司的商品，因此比尔的上门推销越来越难。面对这种趋势，比尔付出了更多的努力。

1996年夏天，怀特金斯公司在全国建立了连锁机构，比尔再也没有必要上门推销了。他是公司历史上最出色的推销员、最忠诚的推销员，也是最富有执行力的推销员，公司把第一份最高荣誉"杰出贡献奖"给了比尔。

决不轻言放弃，就是比尔成功的秘诀。在工作中，如果你有99%想要成功的欲望，却有1%想要放弃的念头，如果你一遇到困难就悲观、失望，消极地认为"算了，就这么着吧"的话，那你根本没有机会获得成功。

马云曾经经历了数次创业挫折。1999年，马云带领一批跟随自己多年的合作伙伴，从北京回到杭州，创立了阿里巴巴。马云说：很长时间以来，很多人都不看好我，不相信 B2B 模式能赚钱，可我们一直看好这个行业，始终没有改变。2002 年，网络经济泡沫破裂，许多做 B2B 贸易的网站一个个相继倒下，最后只剩下阿里巴巴。无论是互联网的冬天也好，泡沫期也好，我们都始终坚定地一路走来。

就这样，阿里巴巴虽然屡屡碰壁，但在"做中国最好的企业"这一信念的支撑下，马云和他的创业团队坚持了下来。2002 年，在互联网最为困难的时候，多数企业全面收缩战线，马云并没有关闭阿里巴巴在美国、欧洲的办事处，反而继续四处参展，开拓市场。坚持到底的回报就是阿里巴巴在海外培养了大批有实力的买家，为进出口贸易打下了基础。从 2002 年互联网最低谷时期每天盈利 1 元钱，到后来每天营业额 100 万元，再到每天利润 100 万元，成长速度惊人。如今，阿里巴巴已经成为中国最大的网络公司。

可见，要想做成任何事情，应该用心找到自己的目标，然后坚持到底。就像《士兵突击》里的许三多那样，即使遇到困难和挫折，也始终"不抛弃，不放弃"！

用心感言

　　放弃本身也是一种习惯，一种不用心而造成的习惯。一个肯用心工作的人，每当困难来临时，总是努力寻找方法，寻求新的突破，这样的人在职业生涯中必定能比别人有更高的成就。

不存在"分外"的工作

假如有别的同事，把一些本来不应归你负责的工作交给你，或者在你已经忙得不可开交之时，老板又吩咐你做一件额外的工作，你是选择接受，还是选择逃避？

柯金斯担任福特汽车公司总经理时，有一天晚上，公司里遇到紧急情况，要发通告信给所有的营业处，所以要求全体员工大力协助。不料，当柯金斯安排一个书记员去帮忙套信封时，那个年轻的职员却傲慢地说："这不是我的工作，我到公司里来不是来套信封的！我不干！"

听了这话，柯金斯一下就愤怒了，但他仍平静地说："既然这件事不是你的分内的事，那就请你另谋高就吧！"

在当今职场，像这个书记员一样的员工还是很多的。他们把分内分外用明确的界线划得很清楚，往往认为只要把自己的本职工作干好就行了，其他事情没必要做。于是对于老板安排的额外工作，不是抱怨，就是消极怠工。事实证明，这样的员工无法得到他人的信赖，也不会获得升职加薪的机会。

每个年轻人都应该尽力去做一些"本分"以外的事，不要像机器一样只做分配给自己的工作。著名的企业家詹姆斯·凯斯·彭尼说："除非你愿意在工作中超过一般人的平均水平，否则你便不具备在高层工作的能力。"

在美国，早期的大部分信件都是凭邮递员的记忆捡选后发送的。因此，许多信件往往会因为记忆出现差错而无谓地耽误几天甚至几个星期。直到有一天，一位年轻的邮递员经过思索和实验，发明了一种把寄往某一地点去的信件统一汇集起来的制度。就是这一件看起来很简单的事，对他一生造成了深远的影响。

他的图表和计划吸引了上司们的广泛注意。很快，他获得了升迁的机会。五年以后，他成了铁路邮政总局的副局长，不久又被升为局长，直到成为美国电话电报公司的总经理。他的名字叫西奥多·韦尔。

1940年，奥地利青年葛朗华从希特勒统治下的祖国逃亡到了美国。他历尽艰辛，最后终于在《时代》杂志的外国新闻部找到了一份送稿生的工作。他的工作职责之一，便是油印作家们的稿件，然后送往设在另一栋大

认真做只能合格，用心做才能优秀
Ren Zhen Zuo Zhi Neng He Ge, Yong Xin Zuo Cai Neng You Xiu

楼的外国新闻编辑部。

葛朗华工作用心，但送稿的速度却总是很慢，因为他一边走，一边为这些文章编分章节、插做标题等。他走到外国新闻编辑部时，往往拟妥了一份让文章更出色的编辑建议。

葛朗华的才华很快引起公司老板的注意，多年后，葛朗华成为《时代》出版集团的总编。

卡洛·道尼斯最初为汽车制造商杜兰特工作时，职务很低，但他工作非常用心。道尼斯总是在忙完自己的分内工作后，不断地为他人提供服务或帮助，不管那个人是他同事还是老板。而一旦表示被要求提供帮助，道尼斯总是把它当成自己的工作来做，尽心尽力、不计报酬。

道尼斯注意到，当所有的人每天下班回家后，老板杜兰特仍然在办公室内待到很晚。因此，他每天在下班后也继续留在办公室看资料。没有人请他留下来，但他认为，应该留下来，以便为杜兰特随时提供协助。

渐渐地，道尼斯赢得了老板的关注和信赖，老板有什么事只习惯找道尼斯帮他的忙，或者让他分担一些重要的工作。后来，道尼斯成了杜兰特的左膀右臂，担任其下属一家公司的总裁。

不论是韦尔、葛朗华还是道尼斯，他们的成功都有一个共同的原因，那就是：留神一些额外的责任，关注一些本职工作之外的事，做出一些人们意料之外的成绩来。

要想在工作中有所作为，就不要强调分内分外，要主动去做一些分外的工作。对于一个人的成长，分外的工作往往会产生意想不到的作用。你能够任劳任怨地去做一些分外的工作，不仅表现了你乐于接受工作磨砺的品质，也发展了不寻常的技巧与能力。分外的工作让你在实践中积累更丰富的工作经验，拥有更大的表演舞台，从而走向更高的职业境界。

对于一个年轻人来说，认真工作、尽职尽责是远远不够的。用心工作的人，永远比一般人做得更多更彻底。分外的工作，能让你赢得分外的机会。当你在尽心尽力做着分外的工作时，就等于播下了成功的种子。

机会属于自动自发的人

近年来，自动自发的精神被企业和员工广泛奉为成功的法宝，越来越多的人也熟知了这样一则故事：

两个同龄的年轻人，约翰和汤姆，同时受雇于一家零售店铺，一开始拿同样的薪水。可是一段时间后，约翰升了职、加了薪，而汤姆却仍在原地踏步。汤姆觉得老板很不公平，认为自己尽职尽责，完成了自己应该做的事，没有理由不给自己加薪。终于有一天，他到老板那儿去发牢骚。

老板耐心地听完他的抱怨，对他说："你到集市上去一下，看看今天早市有什么卖的。"

汤姆从集市上回来，向老板汇报说："今早集市上只有一个农民，拉了一车土豆在卖。"

"有多少？"老板问。

汤姆赶快又跑到集市上，然后回来告诉老板一共50袋土豆。

老板又问："价格是多少？"

汤姆又第三次跑到集上问来了价钱。

"好吧，"老板叫来约翰，交代了同样的任务，对汤姆说，"现在请你坐到这把椅子上一句话也不要说，看看别人怎么做。"

约翰很快就从集市上回来了，并汇报说，到现在为止，只有一个农民在卖土豆，一共50袋，价格是多少；土豆质量很不错，他还带回来一个让老板看看；那个农民昨天西红柿卖得很快，库存已经不多了。他想这么便宜的西红柿老板肯定会要进一些的，所以他不仅带回了一个西红柿做样品，而且把那个农民也带来了，他现在正在外面等回话呢。

听完，老板转过头对汤姆说："你现在肯定知道为什么约翰的工资比你高了吧?"

这则故事，向我们呈现了两种截然不同的工作态度，准确阐释了自动自发的精神内涵。所谓自动自发，就是像约翰那样，没有人要求你、强迫你，你却自觉而且出色地完成了工作。

美国钢铁大王卡内基曾说过："有两种人永远都会一事无成，一种是除非别人要他去做，否则绝不主动做事的人；另一种则是即使别人要他做，也做不好事情的人。那些不需要别人催促，主动做事，而且不会半途而废的人必将成功。"显然，汤姆就属于卡内基所说的那种"永远都会一事无成"的人，而约翰则是那种"主动做事"的成功者。

许多人都像汤姆一样，每天在茫然中上班、下班，从不用心工作，也从不问工作是为什么；他们只是被动地应付工作，按部就班，从不在工作中投入自己热情和智慧；他们只是"一个命令、一个动作"地机械完成任务，而不是去创造性地、自动自发地工作。

这种被动的态度，自然会导致一个人的积极性和工作效率下降。久而久之，即使是被交代甚至是一再交代的工作也未必能把它做好。这样的"应声虫"，没有人会欣赏，老板也永远不会对他们委以重任。

在现代社会，听命行事的能力虽然相当重要，但远远不够。每个老板都希望自己的员工勇于负责，带着思考工作。只有那些积极主动，比常人付出双倍甚至是更多的智慧、热情、责任和创造力，把任务完成得比预期还要好的人，才是他们真正要找的人。

弗朗士是一家超级市场新近才招聘来的员工。他只是一个不起眼的基层包装工，看起来毫无前途。如果要遣散什么人的话，他肯定跑不掉。但是，意料不到的是，弗朗士很快成了老板眼中有价值的员工。

弗朗士干完自己的事，并不歇着。他告诉载货部门的头儿："我没事的时候可以来这里帮忙，多了解一下你们部门工作的情形。"然后，他就花些时间在那里帮忙做些工作。之后，他跟畜产部门经理说："我希望有空时来这里向你学习，了解你们包肉和保存的过程。"一阵子之后，他又分别到烘焙、安全、管理、清洁甚至信用部门帮忙。

三个月后，弗朗士几乎在公司所有部门都走了一遍，主动帮忙做事。一旦某部门有人要请假，自然而然地想到请弗朗士去顶替。

几个月以后，恰逢经济不景气，老板只好请一些人走了，而可是弗朗士却被老板留了下来。一年以后，超市生意好转，有个经理的职位空缺，老板又毫不犹豫地想到了弗朗士。

一个工作自动自发的人知道，工作并不是做给领导或老板看的。如果只有在别人的监督下才有好的表现，那不是真正的自动自发，而是一种欺骗，甚至是自欺。如果对自己的要求比别人的预期更高，那么这样的人永远不会被解雇，也永远不用担心报偿。

成功的机遇总是在寻找那些能够主动去做事的人。如果你只是尽本分，或者唯唯诺诺，对企业的发展前景漠不关心，你就无法获得额外的回报，而只能得到应得的那一部分工资。但如果你能主动去了解自己应该做什么，然后全力以赴地去完成，成功就将指日可待。

用心感言

　　没有人会告诉你需要做什么，全靠你用心来主动发现。在主动工作的背后，需要你付出的是比别人多得多的智慧、热情和创造力。一个做事主动的人，知道自己工作的意义和责任，并随时准备把握机会，展示超乎他人要求的工作表现。

做一个处处留心的人

有一句话叫"处处留心皆学问，慧眼岂不识真金？"点出了用心做事的真谛。我们常说，成功需要有机遇；而实际上，机遇大多数时候只属于那些时刻用心准备的人。一个成功者，应该是生活中的有心人，事事处处都留心。

在日本东京，一个大雨滂沱的日子，一位顾客来到一家名为"新都"的理发店理发。理到一半时，他的手机响了，原来老板让他立即将一份拟好的协议打印出来，送到客户的公司。这下可把那位顾客急坏了，望着窗外的大雨和镜子里刚理了一半的头发，他进退两难。思考再三，他最后还是放弃了理发，冒着大雨去打印社打印协议。结果那理了一半的怪头使他在客户面前显得很狼狈，自己也一整天心情不好。此事在人们那里成了茶余饭后的笑话，但理发店的老板却用心看到了其中的商机。于是，一个新的服务项目很快在新都理发店诞生了。

经过策划，该店雇了一位办理贸易手续的专家、一位日文打字员、一位英文打字员、一位英文翻译和两位办理文件的女秘书。如果顾客是带文件来的，在理发时女秘书就会帮他们整理文件；如果顾客需要打印文件，就可以在理发店里完成；如果顾客需要办理贸易方面的手续，那么店里的专家还可以提供服务。所以，顾客在等候或理发的时候也和在办公室里一样可以办公。

此项服务的推出，一下子吸引了那些每日工作繁忙的顾客，使他们觉得来理发不仅是一个很好的放松机会，而且还可以及时处理手上的工作，真是一举两得。而新都理发店也依靠这个特色服务，使自己生意兴隆，年营业额成倍增加。

前总统蓬皮杜曾经说过："一个人非常重要的才能，在于他善于抓住迎面而来的机会。"这个世界不缺财富，只是缺少发现财富的人。富人与穷人的最大不同之处在于，他们处处用心，因而总是能敏锐地捕捉到机会，并有效地转化为财富。

一个用心做事的人，必然处处留心，关注每一个细节。尤其对于年轻人来说，刚进公司时，一般都是由底层做起，工作具体而繁杂，从待人接物到给上司安排行程，如何做到恰到好处，更需要处处留心。特别不要小看生活和工作中的小事，它们所体现出的道理往往是很深刻的。这里有一个事例：

法国有一家知名的汽车生产公司，打算与一家日本公司合作，为他们提供轿车及附件。为此，公司的总工程师、知名汽车专家乔治亲自出马，到东京与日方谈判。如果谈得顺利，公司将获得巨大的经济效益。

日方也非常重视，派出年轻有为的副总裁兼技术部课长中田前来迎接。豪华气派的迎宾车就停在机场的到达厅外。宾主见面寒暄几句后，中田亲自为乔治打开车门，示意请他入座。

乔治刚一落座，便随手"砰"地关上车门，声音极响，中田甚至看见整个车身都微微颤了一下。中田不禁愣了一下，以为旅途的劳累使乔治情绪不佳，看来自己得更加小心周到地接待才行。

一路上，中田一行显得十分热情友好。迎宾车停在公司大厦前后，中田快速下车，小跑着绕过车后，要为乔治开车门。但乔治却已打开车门下车，又随手"砰"地关上车门。这一次，比在机场上车时关得还要响，似乎用的力还要重得多。中田又愣了一下。

会谈安排在第三天。在接下来的两天里，中田极尽地主之谊，全程陪同乔治游览东京的名胜古迹和繁华街景，参观公司的生产基地。乔治显得兴致很高，可回到下榻酒店时，他关上车门时又是重重的"砰"的一下。

中田不禁皱了一下眉。他小心翼翼地问乔治，公司的接待是否有不周之处？乔治却显然没什么不满意的。于是，中田陷入了沉思。

第三天到了，接乔治的车停在公司大楼前，他下车后，又是一个重重的"砰"。中田想了想，似乎下定了某种决心。他先请乔治到休息室稍等一下，说是有紧急事情要与总裁商量。

中田来到董事长办公室里，语气严肃地对总裁铃木说："董事长先生，我建议取消与这家公司的合作谈判！至少应该推迟。"

铃木不解地问："为什么？约定的谈判时间就要到了，这样随意取消，没有诚信吧？再说，我们也没有推迟或取消谈判的理由啊。"中田坚决地说："我对这家公司缺乏信心，看来我们还需要好好考察一下。"铃木向来赏识这个精干务实的年轻人的，便问他什么原因。

中田说："这几天我一直陪着乔治先生。我发现他多次重重地关上车门，开始我还以为是他在发什么脾气呢，后来才发现，这是他的习惯，这说明他关车门一直如此。他是这家知名汽车公司的高层人员，平时坐的肯定是他们公司生产的好车。他重重关上车门习惯的养成，是因为他们生产的轿车车门用上一段时间后就有质量问题，不容易关牢。好车尚且如此，一般的车辆就可想而知了……我们把轿车和附件给他们生产，成本也许会降低很多，但这不等于在砸我们自己的牌子吗？请董事长三思……"

一个关车门的动作，可谓微不足道，要不是特别留心的话，很容易就放过了。但恰恰是这种微不足道的动作，被用心的中田抓到了，并通过用心分析，揭出了其背后可能隐藏的深层问题，从而帮助公司避免了可能遭遇的重大损失。

用心感言

只有用心，我们才能看得更细，想得更深更远。要成为一名优秀的人才，不妨从处处留心开始，不放过工作中的每一个细节。

不做"守株待兔"的人

一位老人从东欧来到美国，在曼哈顿的一间餐馆想找点儿东西吃，他坐在空无一物的餐桌旁，等着有人拿餐盘来为他点菜。但是没有人来，他等了很久，直到有一个女人端着满满的一盘食物过来坐在他的对面。

老人问女人怎么没有侍者，女人告诉他，这是一家自助餐馆。果然，老人看见有许多食物陈列在台子上排成长长的一行。女人告诉他："从一头开始你挨个地拣你喜欢吃的菜，等你拣完到另一头，他们会告诉你该付多少钱。"

老人说，从此他知道了在美国做事的法则：在这里，人生就是一顿自助餐。只要你愿意付费，你想要什么都可以，你可以获得成功。但如果你只是一味地等着别人把它拿给你，你将永远也成功不了。你必须站起身来，自己去拿。

自助，就意味着你要靠自己，要主动出击，寻找机会。成功固然需要机遇，但是机遇不会垂青于守株待兔的人。

在日常工作中，一个用心做事的人，不会相信天上掉馅饼的神话，只相信机会要靠自己主动争取。他从不消极等待机会和命令，而是积极主动、充满热情地抓住或创造机会，出色地完成工作。

原微软中国区总裁唐骏，在进入微软的时候是从程序员做起的。在看到了微软 Windows 中文版本发布时间比英文版滞后很长时间时，他并没有像其他程序员那样只是向上级反映，等待上级的处理结果，而是带着解决方案找到了上级。于是，在三个月内，唐骏便由普通程序员升为开发经理。

一家 IT 公司的销售部经理讲述了自己的一次经历：有一天，他到一家销售公司联系一款最新的打印设备的销售事宜。这是一款定位为大众化的新品，厂家为争取更大的市场份额，对经销商的让利幅度非常大。这位销售部经理决定同一些信誉与关系都比较好的经销商敲定首批的订量。

不巧的是，那家公司的老板不在。当他提起即将推出的新品时，一位负责接待他的员工冷冷地说："老板不在！我们可做不了主！"

他正要将销售设想向这位接待人员讲解，试图得到他的理解和回应。但是，令这位经理失望的是，那个员工根本不听他的解释，还是用那句话搪塞："老板不在！"

他没有任何办法，只好来到有业务联系的第二家公司。不巧的是，这家公司的老板也不在。接待他的是一位新来不久的年轻女孩，工作特别有热情。当得知他是来自一家著名的 IT 公司的销售经理的时候，她马上倒了一杯水给他，还主动介绍了自己的情况。

这位经理向她说明了来意，她敏锐地感觉到这是一个不错的商机，无论如何不能因为老板不在就让它白白溜走。她主动要求第二天就为他们公司送货，其他具体事宜等老板回来以后再由老板定夺。

就这样，当老板不在的时候，这位女员工用她的热情为公司谈成了一桩生意。由于这款产品是独家经营，不到一个月就销售了近 3000 台，为老板净赚了 6 万多元。

而第一家公司丧失了很好的商机，等再要求补货的时候，这位经理在极不情愿的情况下为他们加了几件货，但此时已经失去了获得厂家促销期的优惠待遇，利润自然大打折扣。

第二家公司的老板知道了内情，对他招聘的这名新员工很是满意，不仅在公司全员大会上表扬了她，并且对她进行了奖励。

两家公司，一家赚钱，而另一家错失良机，是员工的素质决定了成败的结果。第一家公司的员工只习惯于"等待命令"，很难要求自己主动去做事。"等待命令"的结果，是效率的低下和机会的流失。尽管追查起来，员工完全可以借老板不在推脱一切责任，但就个人发展而言，这种消极的工作态度，不仅给公司带来损失，也注定了个人平庸的命运。

用心感言

　　现代社会所需要的人才，不只是具有专业知识的、埋头苦干的人，更需要积极主动、充满热情、灵活思考的人。一个优秀的人才总是把机会的主动权抓在自己手里，他不只是被动地等待别人告诉他应该做什么，而是应该主动去了解和思考自己要做什么、怎么做，然后全力以赴地去完成。

和企业一起成长

认真做只能合格，用心做才能优秀 Ren Zhen Zuo Zhi Neng He Ge, Yong Xin Zuo Cai Neng You Xiu

　　一个认真工作的人，可能会创造出非凡的业绩，却未必对企业有一种归属感。这样的人，与真正用心做事的人有一个本质的区别：前者只是把企业当做一个暂时栖身之处，从来没有融入企业文化之中，他们只对自己的职位和薪水负责，对企业的发展漠不关心；而后者，则把企业的发展当做自己的使命，他们把企业视为实现自身价值和梦想的舞台，与企业共同成长。

　　迈克尔·阿伯拉肖夫曾先后担任美国海军舰队司令和前国防部长的军事助理，后来成了美国海军驱逐舰"本福尔德号"的舰长。他写过一本好书——《这是你的船》，记述了他任舰长时的经历和体会。

　　1997 年，迈克尔·阿伯拉肖夫上任伊始，就面临严重的挑战。虽然"本福尔德号"装备精良，但管理水平和作业效率一向低下，船上的水兵士气消沉，很多人都讨厌待在这艘船上，甚至希望赶紧退役。

　　但两年之后，这种情况彻底发生了改变。全体官兵上下一心，整个团队充满自信、士气高昂。"本福尔德号"变成了美国海军的一只王牌驱逐舰。

迈克尔·阿伯拉肖夫究竟用了什么魔法，使得"本福尔德号"发生了这样翻天覆地的变化呢？概括起来就是一句话："这是你的船！"

迈克尔·阿伯拉肖夫对士兵说：这是你的船，所以你要对它负责，你要与这艘船共命运，你要与这艘船上的官兵共命运。所有属于你的事，你都要自己来决定，你必须对自己的行为负责。

从那以后，"这是你的船"就成了"本福尔德号"的口号。所有的水兵都认为照管好"本福尔德号"就是自己的职责所在。

电影《泰坦尼克号》有这样一个让人印象深刻的情节：当船出现了问题以后，船上的工作人员并没有慌张逃命。从船长到水手，都在有条不紊地开展各种救生工作。当确定已经尽力之后，船长整理好自己的制服，回到驾驶舱，与其他誓死恪守岗位的船员们安静地选择了与泰坦尼克号同生死、共命运。因为，这是他们的船。

当你选择为一个企业工作时，你就成了企业的一员，企业就是你的船。如果你仅仅把自己当做一名乘客，那么一旦企业出现问题，你首先想到的是自己如何逃生，而不是想办法解决问题，克服困难，度过危机。你在企业中也只是混日子，永远不会有长进。

不管你担任何种职位，不管你是机修工还是推销员，也不管你是技术开发人员还是部门经理，哪怕你仅仅是一名清洁工，只要你在企业这条船上，你就应该和企业共命运。你必须和企业所有的人同舟共济，和企业一起驶向人生的目的地。

张蓉是一家大公司的"红人"。她长相一般，能力也并不出类拔萃，但她进入公司后短短的两年时间里，在每一个部门都做得有声有色，每一次调动都令人刮目相看。大家都说她运气好，只有她自己清楚，成功的机会是怎么得来的。

刚进这家大公司的时候，专业优势不明显的她先被分到行政部，做一个并不起眼的小职员。这个部门是非很多，她默默工作，恪尽职守，从不惹是非。领导让她做什么，她就竭尽所能，总是在第一时间做到让人无可挑剔。当别人在抱怨工作百无聊赖的时候，她在悄悄熟悉公司的部门、产

71

品以及主要客户的情况。

有一次，市场部经理偶尔经过她的办公室，看到她处理一件小事情时表现出的得体和分寸感，就打报告要求她去顶他们部门的一个空缺。市场部使她如鱼得水。一年后，她已经是市场部公认的举足轻重的人物了。

后来，老板问她愿不愿意接受挑战，去情况并不乐观的销售部。她没有犹豫多久，选择了前途未卜的销售部。没有想到的是，销售部的情况比想像中的还要糟糕。她选择库存积压最厉害的北方公司，开始了她的第一步工作。寒冷的冬天，她逐个去找代理公司产品的代理商，了解产品滞销的原因，累得腰酸背痛。几个月后，情况就开始明显改善了。

没多久，她又被调到大客户部。为了和那些大客户打成一片，她在最短的时间里学会了打高尔夫球和卡拉 OK 里最受欢迎的歌曲。

一次她去拜访某局长时，偶然听到他同业内另一位局长在打电话，谈论第二天去某风景点开会的消息。张蓉回公司后做的第一件事情，就是查了他们在那里入住的酒店。第二天傍晚，张蓉一身旅行装束，与局长们在酒店大堂里"偶然"相遇。几天下来，他们邀请她一起参加活动，唱歌、打牌、聚餐。再后来，认识她的人同她关系更密切了，不认识她的人也慢慢接纳她了，她的客户名单上增加了一群很有实力的客户。第一张大单子就在半年后出现在这群人中。

那些认为张蓉"运气好"的人从来没有意识到这一点：当一个人在企业责任感的驱动下，将个人的成长置于某种挑战的过程中，主动为企业创造价值之时，他就获得了与企业一同成长的机会。这不仅意味着员工个人能力的提升和更多的发展空间，还意味着员工自身竞争力、事业资源的提升。

用心感言

> 企业可以创造产品，也可以造就人才；企业的发展与每个人的前途都息息相关。只有用心工作，让企业得到更大的发展，才能将自身的价值更好地体现出来。与企业一起成长，是我们个人发展的最好保证。

第三章

认真能把事情做对，用心能把事情做好

用力只能做完事，用心才能把事做好

有这样一则佛家故事：有个小和尚在寺庙里负责撞钟，他每天都能按时撞钟，但几个月下来，老主持却很不满意，说他不能胜任撞钟一职，调他到后院劈柴挑水。

小和尚很不服气地问："我撞的钟又准时、又响亮，为什么说我不称职？"

老主持平静地解释："你撞的钟虽然很准时、也很响亮，但钟声空泛、疲软，没有感召力。钟声是要唤醒沉迷的众生的，而我却没有听到这样的声音。"

这则故事，讲的就是用力做事与用心做事的区别：小和尚做事不可谓不认真、不用力，但他不过是"做一天和尚撞一天钟"而已，并没有融入一颗"唤醒众生"的心。

全国劳动模范李素丽有句话："认真只能把工作做对，用心才能把工作做好。"讲的也是同样的道理。认真用力干，是完成工作的前提和保证，也是做对一件事的底线。可是，如果只出力而不用心，虽然也能干完一件事，但不一定能干好，不一定能达到完美的境地，有时甚至还会事倍功半。而用心工作，发挥了个人的主观能动性、积极性和创造性，可起到事半功倍之效，才能真正把工作做好。

美国辛辛那提大学的乔治·古纳教授曾讲过这样一个案例：有一天，一家公司的经理突然收到一封非常无礼的信，信是一位与公司交往很深的代理商写来的。经理看完信，怒气冲冲地把秘书叫到自己的办公室。向秘书口述了一封信，愤怒地回击对方的无礼，声称要与对方断绝生意关系。

经理叫秘书立即将信打印出来并马上寄出。

对于经理的命令，秘书应该怎么做呢？古纳教授认为，可以采用以下四种方法：

第一种是忠实照办，也就是秘书按照老板的安排，遵命执行，马上回到自己的办公室把信打印出来并寄出去。

第二种是提出建议。如果秘书认为把信寄走对公司和经理本人都非常不利，那么她可以这样对经理说："经理，这封信不能发，撕了算了。何必生这样的气呢？"

第三种是批评。秘书不仅没有按照经理的意见办理。反而向经理提出批评说："经理，请您冷静一点儿。回一封这样的信，后果会怎样呢？在这件事情上难道我们不应该反省反省吗？"

第四种是缓冲。就在事情发生的当天下班时，秘书把打印出来的信递给已经心平气和的经理说："经理，您看是不是可以把信寄走了？"

在以上四种方法中，古纳教授认为缓冲法是最佳选择，理由是：对于经理的命令忠实地执行，确实是秘书的基本素质。但是仅仅忠实照办，仍然可能是失职。向经理提出建议，这种不怕得罪上级的精神是难能可贵的，可是这种行为超越了秘书应有的权限。而对经理提出批评，无疑是干预经理的最后决定，是一种越权行为，也是最不可取的方法。

而缓冲法，是在秘书的职责范围内，巧妙地对老板决策施加影响，既无越权之嫌，又收到了良好的效果，因而是最好的办法。

这个案例给了我们这样一个启示：上级说什么就做什么，只听命令行事的员工，只能说是一个认真做事的合格员工，而不是一个优秀的员工，因为他并没有用心做事；优秀的员工，应该巧妙地对老板发挥影响而不越位，这才是用心做事的方法。

人与人之间的智力差别很小，成就却有天壤之别，关键就在于人的用心程度。比如，同样是当出租车司机，为什么有的人赚得风生水起、有的人却只能艰难度日呢？其中的原因，恐怕不仅在于运气的好坏，也不仅在于是否勤勉认真，更在于是否真的用心去干。有一个用心做事的出租车司机这样谈到他的经验：

从入行开始，他就坚持记笔记，对每天的天气情况、时间、行程、客流、收入进行登记，然后统计、分析、渐渐地，总结出一些规律。

周一至周五的早晨，他会先开车到高档住宅区。这里搭出租车上班的人相对较多。到9点左右，他会去各大饭店。这段时间，出差的人刚吃完早餐，要出去办事，游玩的人也准备动身。这些客人大多来自外地，对周围环境比较陌生，所以，乘出租车是方便的选择。午饭前，他去公司聚集的大写字楼，此时，会有不少人外出吃饭，因为中午休息时间较短，客人为快捷方便，会选择搭出租车。午饭后，他去餐厅较为集中的街区，吃完饭的人，要赶着返回公司上班。

到了下午3时左右，他大多选择银行附近，取钱的人因带了比平时多的钱，不想再挤公交车，而会选择相对安全的出租车，所以，载客率比较高。

到了下午5时，他离开塞车的市区，去机场或火车站或郊区。晚饭以后，他会去生意红火的大酒楼，接送那些吃完饭的人。然后，自己休息一下，再去休闲娱乐场所门口。

就这样，这位出租车司机虽然是一个新手，收入却是公司最高的。许多出租车司机也许比他勤奋努力，但他们只是整天瞎跑，没有用心。他的一些同行感慨出租车太多，竞争激烈，生意不好做，却没有意识到这一点：出租车这一行并不是会开车就行，每天出工出力也不一定能让你赚到钱，但用心开车却一定大有前途。

用心感言

　　其实，没有不赚钱的行业与岗位，关键就看我们是否真的用心去做。用心做事的人，无论做任何事情都以追求卓越为目标，以"做到最好"为标尺；与做事只知用力的人相比，他们想得更多、更深，因而能找到完成工作的最佳方法，从而在最短的时间内出色地完成工作。

用心多一点儿，执行力更强一点儿

在企业发展的过程中，再好的策略，也只有成功执行后才能够显示出其价值。所以，企业要想在竞争激烈的市场中持得一席之地，关键在于执行力。

我们不难发现，凡是发展又快又好的世界级企业，凭借的就是执行力。微软的比尔·盖茨曾经坦言："微软在未来 10 年内，所面临的挑战就是执行力。"IBM 前总裁路易斯·郭士纳也认为："一个成功的企业和管理者应该具备三个基本特征，即明确的业务核心、卓越的执行力及优秀的领导能力。"思科系统公司是 2000 年全世界股票市值最大的公司，这样一个拥有垄断技术的公司，也认为其核心竞争力不是技术而在于执行力。

我们的企业和员工也知道执行力有多重要，但执行力低下仍是当今企业管理中最大的黑洞，因为许多人都忽略了这一点：执行不是一种空谈，它应该是细微而现实的，需要用心来探究和实践每一个细节。

比如，可口可乐的分销网点已经是全球最大的，但可口可乐的总裁仍会在上海的马路上询问卖茶叶蛋的老大妈："为什么您不卖可口可乐？"这就是一种卓越的执行力，它只有一个前提：用心。

用心与不用心做事，结果大有不同。有一家公司，贸易业务很忙，节奏也很紧张。往往是上午对方的货刚发出来，中午账单就传真过来了。会计的桌子上因此总是堆满了各种讨债单，会计和经理都常常不知该先付谁的好。但有一次例外，他们毫不犹豫，马上就付了。

那张账单除了列明货物标的价格、金额外，大面积的空白处写着一个大大的"SOS"，旁边还画了一个头像，头像正在滴着眼泪。简单的线条，很是生动。这张不同寻常的账单一下子引起了经理的重视，他看了看便对会计说："人家都流泪了，以最快的方式付给他。"

其实会计和经理也都明白，这个讨债人未必在真的流泪。但他却一下子以最快的速度讨回大额货款。因为他多用了一点儿心思，把简单的"给我钱"换成了一个富含人情味的小幽默、花絮。仅此一点，就从众多账单中脱颖而出。

我们平常做事情，时时刻刻都要讲究一个用心。如果不经过反复考虑就定去做一件事，那肯定是一种任意鲁莽的行为。有这样一则寓言：有两只蚂蚁，它们想翻越一段墙，到墙那边寻找食物。一只蚂蚁来到墙角，毫不犹豫地往上爬。当它爬到一半高度的时候，由于劳累，它从上面跌了下来。可是它并不气馁，又一次爬了上去，又是爬到一半高度的时候，从上面摔了下来。就这样，这只蚂蚁一次次跌下来，一次次调整自己，然后重新往上爬。

另一只蚂蚁来到墙角，并没有马上向上爬，而是观察了一下，采取了另一种办法：它从墙的前面绕到了墙的背后，于是抢先得到了食物。而此时，第一只蚂蚁还在不停地重复着跌落、再重新爬的循环。

在我们当中，依然有许多像第一只蚂蚁那样的人。他们有才华，工作卖力认真，精神固然可嘉，但只是白费了力气。主要原因，就在于他们并没有用心做事。他们缺乏有效的观察和思考，只是机械地照章办事，因而在困难面前缺少对策，屡屡受挫。这种效率低下、执行力弱的员工，不仅在浪费企业的资源，也是在浪费自己的生命。

那些用心做事的人，就像第二只蚂蚁那样，在接到任务之后，并不盲目蛮干，而是对所有的工作有一个通盘的考虑，并做出详细的计划，以致把可能出现的问题都一一列出，并做出相应的对策。因此，他们工作的效率和质量要远远高于他人。

建民集团董事长黄建民也总是说："要养成用心做事的好习惯！"他曾以自己的一个员工为例说明这一点：洗衣房的邓美雄只有初中文化，也从来没有接受过什么专业的洗衣培训，但是由于她用心投入，虚心好学，在很短的时间内掌握了专业技能技巧，并利用晨会不断总结经验带动大家提高，使洗衣房成为管理层最放心的部门。而在此之前，公司请过几任所谓高材生和不少的"专家"来管理洗衣房，但任何一个时期的管理都无法和现在的洗衣房相比。

有一次，一位顾客要洗一件非常昂贵的衣服，他找了几家大型的连锁洗衣店，可都没法去掉衣服上的一块顽渍，于是他找到邓美雄，希望能解决这个难题。邓美雄接过顾客的衣服后，来到洗衣房，拿出所有的洗衣药水，进行了十几次的配比，并在报废的布料上面反复地试验，终于成功地去掉顽渍，又没有损伤布料。可想而知，那位顾客是多么的感激。

还有一次，洗衣房的烘干机老是吱吱作响，邓美雄找来了工程部的人检测维修，最后工程部的人只能摇头说没办法。邓美雄听后，并没有放弃，她用心观察和研究，终于发现原来是因为布料的一些尘屑积在了机器的部件里。清理干净之后，问题就解决了。

在现代社会，像邓美雄这样用心做事的人还有很多。他们也许没有很高的文凭，但由于用心做事，他们的执行力要强于他人，取得成功也是理所当然的事。

　　世界上没有免费的午餐。要想在工作中超越别人，你就必须更有效率，执行力更强，而这要求你一定要比别人想得更多，做得更多。

既要认真做到位，更要用心做到底

在工作中，如果你认真努力，执行到位，每一项工作都达到了老板的要求，那么你可以称得上是一名合格的员工。你不用担心失业，但你永远无法给老板留下深刻的印象，也永远无法在公司中达到你事业的顶点。为什么呢？因为你只是把事情做到了位，还没有做到底，达到尽善尽美的境界。

比如，工厂的某台机器坏了，负责维修的师傅只做了一下最简单的检查和修理。只要机器能正常运转了，他们的工作就算到位了。他们没有对机器做一次彻底清查，找到故障的根本原因。直到机器完全不能运转了，才会引起他们的警觉。这种态度，就是只满足于"做到位"，没有用心"做到底"，只会给公司和个人带来巨大的损失。

在我们国家，许多人总是觉得很简单的东西没有必要做得很详细、很彻底，因为那是在浪费时间。比如修建一条马路，中国人可能就只把马路铺好，其他的事情不属于自己管，自己也不再理会，等到需要铺水管或者电线的时候，再一次次将马路挖开。但德国人却不会这样，他们在修建马路时，一开始就会将污水管道、水管、电线都铺好。显然，真正浪费时间的，是那些只满足于"做到位"的人。

按照一般的概率统计，如果一部由13000个部件组成的汽车，其精度能够达到99.999%的话，那么它第一次发生故障或出现反常情况将可能在10年以后。中国的汽车都还达不到10年以后才出现故障的技术水平，而德国奔驰汽车就能够保证行驶20万公里不出故障，而正常每年2万公里的汽车行程，也基本上能经得起10年了。这种质量保证，就来自其员工精益求精、用心做到底的工作态度。

什么叫"做到底"？航天科技的工作要求就是榜样。2003年，中国的神舟5号载人宇宙飞船成功飞入太空并安全返回指定地点，是中国航天科技发展史上的一个里程碑。要知道这样一个极其复杂的载人航天系统，要由500多万个零部件组成的。即使是有99%的精确性，也仍然存在着5000多个可能有缺陷的部分。如何能够达到100%？那就要消灭那5000个可能存在的缺陷。哪怕是99.99%的精确性，也还存在50多个可能的隐患。航天的奇迹就在于，一定要做到100%，要把一切可能的隐患都测试估计预控到，这样才能够确保万无一失。

用心做到底，就是要像航天科技工作那样，做到 100% 的尽善尽美。用心做到底的标志，是要敢于让你的老板或者主管挑剔工作中的毛病。不要总是抱怨别人对你的期望值过高，如果你的老板能够在你的工作中找到一点儿瑕疵，那就证明你还没有做到底。

　　一家外贸公司的老板要到美国办事，且要在一个国际性的商务会议上发表演说。他身边的几名主管忙得头晕眼花，小吴负责演讲稿的草拟，小于负责拟订一份与美国公司的谈判方案。

　　在该老板出国的那天早晨，各部门主管也来送行。有人问小吴他负责的文件准备得如何，小吴睡眼惺忪地说道："今早只有 4 个小时睡眠，我熬不住睡去了。反正我负责的文件是以英文撰写的，老板看不懂英文，在飞机上不可能复读一遍。待他上飞机后，我回公司去把文件打好，再发个电子邮件过去就可以了。"

　　谁知，老板一到机场就问小吴："你负责预备的那份文件和数据呢？"小吴把他的想法回答了老板。老板闻言，脸色大变："怎么会这样？我已计划好利用在飞机上的时间，与同行的外籍顾问研究一下自己的报告和数据，别白白浪费坐飞机的时间呢！"小吴听了，脸色顿时一片惨白。

　　一到美国，老板就开始研究小于准备的谈判方案。这份方案既全面又有针对性，既包括了对方的背景调查，也包括了谈判中可能发生的问题和策略，还包括如何选择谈判地点等很多细致的因素，大大超过了老板和众人的期望，谁都没见到过这么完备而又有针对性的方案。后来的谈判虽然艰苦，但因为对各项问题都有细致的准备，所以这家公司最终赢得了谈判。

　　老板出差结束，回到国内后，小于得到了重用，而小吴却受到了老板的冷落。

　　合格和"做到位"一样，都是远远不够的，真正优秀的人总比常人多用一点儿心，多走一步路，把事情做到底。一名杰出的员工应该像小于一样，不但要求自己满意、别人满意，而且要超过别人对自己的期望，达到尽善尽美。一个总能把工作做到底的员工，将会征服任何一个时代的所有老板。

没有最好，只有更好。一个优秀的员工对待工作的态度也应如此。唯有用心，才能保持旺盛的工作热情，才能把工作做得更好，也才能不断进步。

用心把事做得有条理

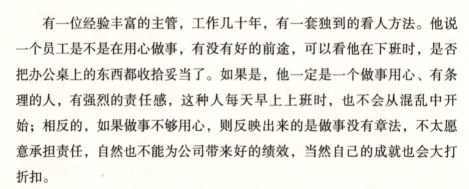

有一位经验丰富的主管，工作几十年，有一套独到的看人方法。他说一个员工是不是在用心做事，有没有好的前途，可以看他在下班时，是否把办公桌上的东西都收拾妥当了。如果是，他一定是一个做事用心、有条理的人，有强烈的责任感，这种人每天早上上班时，也不会从混乱中开始；相反的，如果做事不够用心，则反映出来的是做事没有章法，不太愿意承担责任，自然也不能为公司带来好的绩效，当然自己的成就也会大打折扣。

确实，一个人的办公桌有时候最能反映他的工作素质和态度。杂乱无章的办公桌，给人的第一印象是忙乱。我们可以想像它的主人一定在疲于应付工作。因为他做事缺乏用心，不讲究秩序和条理，无论做哪一种工作都没有功效可言。

工作中，有不少人才能平平，却比那些才华横溢的人取得更大的成就，人们常常为此感到惊奇。但通过仔细地分析，便不难发现其中的奥秘：他们从一开始就用心养成了有条不紊的做事习惯，因而能更好地利用有限的精力。

做事有条理、有秩序的人，在办公室里决不会浪费时间，不会扰乱自己的神志，办事效率也极高，能达到事半功倍的效果。这样即使才能平庸，他的事业也往往有相当大的成就。如果他是一位公司老板，那么他那富有条理、讲求秩序的作风，必须影响到他的全公司。于是，他的每一个员工，做起事来也都极有秩序，一派生机盎然之象。

有的公司老板或部门主管工作没有条理，同时又想把蛋糕做大，总会感到手下的人手不够。这样的人会认为，只要人多，事情就可以办好了。其实，他们所缺少的，不是更多的人，而是使工作更有条理、更有效率。由于他们办事不得当、工作没有计划、缺乏条理，浪费了员工的大量精力，但吃力不讨好，最后还是无所成就。对此，一位商界名家将"做事没有条理"列为许多公司失败的一大重要原因。

做事是否有条理，反映的是做事的品质。有一位作家，即便在投入写作时，也会按时整理办公桌上的文件、用品、资料以及书柜内的东西。说是整理东西，其实是整理自己的思绪与心情。他常常的一句话是说："生活乱，心就会乱；心乱了，什么事情都不会有好的品质。"

有一个车行老板，总是把车行的里里外外收拾得干干净净的，他说："这是自己的店，我要客人来这里会肃然起敬，当他有尊敬之心时，他才会相信并接受我的专业技术，否则客人老是以为我们会敲诈人家。"

冉隆燧是我国第一代运载火箭研制时期的重要技术骨干，也是长征运载火箭的总设计师。他是一个做事极其用心、工作很有条理的人，喜欢步步为营而不是一步登天。拿到一个任务后，他首先会想第一部应该突破什么问题，第二步要解决什么问题，把它分成几个小的阶段，然后再逐个击破。多年来他还养成了一个好习惯，就是下班之前，总要想想还有什么没完成，还有什么需要解决，然后再走。经常是回到家中想到什么地方不对，二话不说，立即调身赶去单位，什么时候解决什么时候回家。

正因冉隆燧做事用心，有条有理，尽管他的工作危险性大，却从来没有出现过半点差错。比如有一次火箭就要发射了，冉隆燧不忙不乱，仍然用心检查，结果发现一只仪器的参数有些偏离，于是当机立断要停止这次发射。当时很多人都不理解，不明白为什么要在这个节骨眼上叫停。因为发射叫停不单单意味着工作失职，更重要的是会让外国看中国的笑话。顶着巨大的压力，冉隆燧等人还是决定将这台仪器取下检查。结果证明，冉隆燧的判断是正确的。他的用心和严谨，使得我国航天事业避免了一次大灾难。

就像冉老一样，工作要变得有条理、高效率，没有别的秘诀，靠的是习惯的养成。你需要在每一件小事上培养自己严谨和有条理的习惯：穿衣服，先穿哪件，后穿哪件，有一定的条理，不乱穿一气；东西放置，有一定的秩序，不放得乱糟糟的；办事情，先做哪件，后做哪件，有明确的规划，不随心所欲；时间安排，什么时间干什么，有一定的规律……如果你能时时、处处都用心培养，那么这种习惯形成之日，就是你的事业腾飞之时。

用心感言

　　人的精力和时间都有限，只有做事有秩序、有条理的人，才能将能力做更大的发挥。一个人做事没有秩序、没有条理，反映的是缺乏用心的做事态度，成功永远都和他无缘。

用心才能细心

100 多年前，美国有一位年轻人在某石油公司工作。他学历不高，也不会什么技术，干的活儿又简单又枯燥，就是每天检查石油罐盖是否自动焊接完全，以确保石油被安全储存。

每天，年轻人都会看到上百次机器的同一个动作。首先是石油罐在输送带上移动至旋转台上，然后焊接剂便自动滴下，沿着盖子回转一周，最后工作完成，油罐下线入库。他的任务就是注视这道工序，从清晨到黄昏，检查几百罐石油，每天如此。

好几个在这里工作的人干了没多长时间，就对这种枯燥无味的工作厌烦极了，最后都主动地辞了职。年轻人一开始也很烦躁，但他最终还是选择了留下。

时间长了，年轻人在机器上百次重复的动作中，注意到了一个非常有意思的细节。他发现罐子旋转一次，焊接剂一定会滴落39滴，但总会有那么一两滴没有起到作用。他突然想到：如果能将焊接剂减少一两滴，这将会节省多少焊接剂？

于是，他经过一番研究，研制出"37滴型"焊接机。但是用这种机器焊接的石油罐存在漏油的问题。但他并不灰心，很快又研制出"38滴型"焊接机。这次的发明解决了上一机型漏油的问题，同时每焊接一罐石油都会为公司节省一滴焊接剂。虽然节省的只是一滴焊接剂，但却给公司带来了每年5亿美元的新利润。

这位年轻人，就是后来掌控全美制油业的"石油大王"——洛克菲勒。他在早年取得的这一成就说明，一个用心做事的人，即便他做的只是简单枯燥的工作，也能注意到并且抓住其中被人忽视的细节，使工作得以改善。一滴焊接剂的差别，就带来了5亿美元的不同。这就是细心所产生的巨大效益。

在我们的工作中存在着许多类似的细节，在等待着用心的人去发现和挖掘。当我们不能改变外围的环境时，我们一定可以从中发现我们所需要的。这并不一定需要很高的学历和特长，关键就在于用心。

是否用心工作，决定了你对细节的处理方式，也决定了你的工作品质。比如，公司老板或业务人员要出差，便会安排秘书去购买车票。有这样两位秘书，一位将车票买回后就交了上去，如果老板想知道车次、座位等，还要自己慢慢翻查。而另一位秘书则将买回的车票整理好，放在一个大信封里，并在封面注明了列车的车次、座位号、启程及到达时间。同一件事，两个人做起来却出现了不同的结果。一个用心工作的人，他一定会用心思考该怎么做、要怎么做，才令人更满意、更方便。而后一位秘书就是这样一个人，虽然她只是在信封上写了几个字，但正是这份细心，为老板省了不少事。

细心不仅是一种工作态度，也是一种工作能力。这里有一个故事：有个叫钟进的年轻人，辞去做了三年之久的出纳工作，打算跳槽到一家外资企业。他大学读的是会计专业，因此他希望能在新公司找到一份与之相关的工作。但这并非易事。名额只有一个，却至少要通过三层选拔，最终能从第三轮面试中突出重围者才会被幸运录用。

钟进轻松过了第一关，和19名求职者同时进入下轮决战。而第二回合什么时候什么地点进行，招聘方却始终只字未提，大家都很焦急地等待着通知。这时，招聘方有人找到钟进，并给了他100元钱，让他去指定的商店购买必要资料，以备参加第二轮考试使用。然而，钟进马上就发现对方给的这张百元大钞是假的。出于以前养成的职业习惯，他当即指了出来，并予以拒收。对方见钟进认真的样子，笑了笑，没再说什么，转身离去了。

几天后，主考官打来电话，恭喜他成功通过了第二轮选拔，让他去公司参加最后面试。原来，那次的假币事件竟是第二轮的考题，其中有14个应聘者或没有发现是假币，或发现得太晚，就这样被刷掉了。

最后的面试地点在一间封闭的房子里，仅剩的6个人排队列于屋外，等着一个个进去应试。轮到钟进了，他忐忑不安地进了屋，坐到主考官面前。主考官提问了，让他说说第五套人民币不同面值票币后各是什么风景。这个问题出乎意料，应该说很简单，但平时极容易忽略掉。还好，钟进是个比较细心的人，都有印象，他准确地一一回答出来。主考官点点头，让他回去等通知。

很快，结果就出来了，钟进被录用了。事后，他惊讶地得知，一同参加面试的六人中，竟只有他一人答对了全部钞票后的风景名称，这不能不算是个意外。

关键就在于最后那道题，因为它说明了钟进的用心程度和严谨的态度。后来那位主考官说，对于会计工业而言，细心就是最好的能力。其实，其他工作又何尝不是如此？

用心，才能见别人所未见，才能做别人所不能做。细心就是你用心的表现。虽然细心的工作态度平时不会引人关注，但久而久之，当它变成了一种习惯，你就会慢慢发现它为你带来的巨大收益。

不做"差不多"先生

　　20 世纪 20 年代，胡适先生曾经写过一篇著名的文章《差不多先生传》，作为中国国民性的写照。文章的主人公叫差不多先生，他总是说："凡事只要差不多，就好了。何必太精明呢。"他做伙计，"十"字常常写成"千"字，"千"字常常写成"十"字。掌柜的生气了，他只是笑嘻嘻地赔小心道："'千'字比'十'字只多一小撇，不是差不多吗?"

　　有一天，差不多先生忽然得了疾病，赶快叫家人去请东街的汪医生。那家人急急忙忙地跑去，一时寻不着东街的汪大夫，却把西街的牛医王大夫请来了。差不多先生病在床上，知道寻错了人，但病急了，身上痛苦，心里焦急，等不得了，心里想道："好在王大夫同汪大夫也差不多，让他试试看吧。"于是这位牛医生走进病床前，用医牛的法子给差不多先生治病。没多久，差不多先生就一命呜呼了。

　　差不多先生快死的时候，一口气断断续续地说道："活人同死人也差……差……差不多，……凡事只要……差……差……不多……就……好了，……何……何……必……太……太认真呢?"他说完了这句格言，方才绝气。

　　他死后，大家都很称赞差不多先生样样事情看得开，想得通；大家都说他一生不肯认真，不肯算账，不肯计较，真是一位有德行的人。他的名誉越传越远，越久越大。无数的人都学他的榜样。于是人人都成了一个差不多先生。

在胡适先生的这篇文章里，差不多先生做每一件事都会提到差不多，但就是这样的一点点差距使他做差了很多。其"差不多"的做法，是一种对工作和生活极不负责任的行为，其结果造成最终灭亡的命运。

80多年后，李嘉诚在一次演讲中感慨："当我重读这篇名著，令我惊骇的不仅是差不多先生可怜的愚昧，更糟的是旁人接受如此荒谬的存在方式，还企图自圆开脱，这种扭曲式的浪费智慧行为足以令人哭泣。"

令人遗憾的是，80多年过去了，"差不多"心态并没有随着时间的流逝而消失，而是依然无处不在，无时不有。尤其在当今职场中，"差不多先生"比比皆是：

开会的时候，他会说：差不多时间到就好了，何必一定要准时到呢。于是他常常迟到。

制订工作计划的时候，他会说：做的差不多清楚就可以了，何必要那么明确呢，多留点余地多好。于是最初计划好的人力、物力、工作安排在真正做的时候不停的修改调整，推倒重来。

负责公司的产品生产、质量管理，他会说：差不多达到要求就可以了，何必搞的这么累呢。于是公司产品合格率下降了10%。

去给客户做工程设计和安装，结果客户向公司投诉不能用，他会说：差不多就行了，何必这么挑剔呢？

"基本"、"好像"、"几乎"、"大约"、"估计"、"大概"等，成了这些"差不多先生"的常用词。

有一家企业引进了德国设备，德国工程师在设备安装调试验收时，发现有一个螺钉歪了，但是它的紧固度没有问题。我们的工程师认为这没有什么大不了的，所有六角螺钉的紧固度不可能都一丝不差，"差不多就行了"。德国工程师却坚持说："不，这完全可以做到。六角螺钉歪了，是因为在拧这个螺钉的时候，没有按规范标准进行操作。"后来通过调查发现，是我方安装工人的问题。按照技术操作标准要求，上这些大螺钉需要两个人共同完成，一个人固定扳手，另一个人拧螺钉。可是我们的操作却是一个人上螺钉，另一个人休息。

正是因为这种"差不多"的心态，我们的工作才漏洞百出，产品才缺乏竞争力。因为"差不多"，我们的许多企业与外国同行合作时常常被拒之门外，我们的产品总是被打上二等货色的标签，看似与一等品只差一点儿，其实是差很多。正如一位管理专家所指出的：从手中溜走1%的不合格，到用户手中就是100%的不合格。

很多人认为自己的工作太简单了，根本不值得全心投入，更不必花费太多精力，于是一边抱怨没有机会，抱怨怀才不遇，一边敷衍工作，只做到差不多、说得过去、上司挑不出毛病来就行了。殊不知，这种"差不多"的思想导致的最后结果却是"差很多"。

有一年，全国小麦价格开始上涨，一家私营面粉厂的业务员来到小麦产区采购小麦。这时产区的一些粮库大多是待价而沽，不想卖粮食，经不起业务员的纠缠，粮库的负责人说："粮食有的是，卖给你也行，一吨1000元，你要不要？"

这位业务员拿不定主意。他已经出来半个多月了，不知道这时小麦涨到什么价钱了，而当时那个地区又不通电话，于是给公司老板发电报问："一万吨小麦，每吨1000元，价格高不高？买不买？"

老板看到电报后，生气地对秘书说："胡闹！哪有这么高的价格，现在最高的价格也不到900元，给他发电报，就说价格太高！"秘书赶紧跑到邮局发了个电报："不太高"。

没几天，业务员带着签订的购销合同回来了。老板莫名其妙，追查原因才知道，秘书发电报时，"不"字的后面少了个句号。如果履行合同，势必给公司带来100多万元的经济损失。后来经过多次协商，最终赔偿了对方15万元才算了事。当然，这位秘书"差不多先生"不久就被辞退了。

就是差了一个小小的句号，结果却是10多万元的损失。这就应了那句老话："差之毫厘，谬以千里。"

对很多事情来说，执行上的一点点差距，往往会导致结果上出现很大的差别。很多执行者工作没有做到位，甚至相当一部分人做到了99%，就差1%，但就是这点细微的区别使他们在事业上很难取得突破和成功。

用心感言 ————

　　不论是做人还是做事，我们都应抱着消灭"差不多"的决心，为自己确立这样一个高标准：只有做到100%才是合格，99分都是不合格。唯有如此，我们才能彻底告别"差不多先生"，达到尽善尽美的境界。

不犯想当然的错误

　　在生活和工作中，由于不用心做事，人们常常会犯一种错识，这种错误叫"想当然"。

　　"想当然"，就是盲目地凭自己的感觉和经验办事，从来不考虑实际情况，只想到一种可能，由此造成错误和悲剧的发生。

　　2007年6月15日凌晨，一艘运沙船与佛山九江大桥桥墩发生严重碰撞，造成九江大桥三个桥墩倒塌，致使9人当场坠入江中，8人死亡，1人失踪。

　　调查发现，船长石桂德驾驶"南桂机035"船途经九江大桥附近时，江面出现大雾，能见度变低。石桂德想当然地认为："这点雾算不了什么，可以正常航行。"于是，他并未指挥采取安全航速航行，也没有选择在安全地点锚泊，而是凭经验冒险航行。

　　在能见度如此差的情况下，值班水手本应站在船头协助瞭望，但事发时，值班水手却正在排水舱协助抽水！

　　在偏离主航道后，石桂德隐约看到前方有两道灯光。他又想当然地认为，这两道灯光是主航道灯光。而实际上，那是为扩建维修大桥而挂在桥墩上的灯光。就这样，船撞了过去，惨剧发生了。

据了解，当时运沙船上装载有一部雷达、两部对讲机和一部 GPS 定位系统。如此多的安全措施，居然还出了这么大的事故。显然，事故的原因不在于设备不先进，而是船长"想当然"的判断。

一位管理咨询师应邀到某公司培训，公司方面给他定了一个星级酒店的套房。咨询师的年轻助理亲自到酒店看了房间，感觉没什么问题，看上去挺好的。但到晚上 12 点时，这位咨询师抵达酒店住宿，却发现上不了网，洗澡水是冷的。事后，那位助理被狠狠批了一顿。从表面上看，这是酒店的配套服务问题，但换个角度来看，我们是不是也可以理解为助理犯了"想当然"的错误呢？因为他"想当然"地以为，好酒店洗澡水必定是热的，网必定是能上的。

在职场中，最容易出问题的时候，就是"想当然"的时候。特别是刚进公司的新人，最容易在工作中犯"想当然"的错误。遇到某个问题的时候，自己以为该这么做，于是也不经过与同事的商量讨论，也不请示自己的老板，就盲目去做。结果，一做就错，多做多错，最后自己什么事情都不敢做了。

国庆长假前，上司让李蓉在假期间做一份本地市场同类产品销售情况的报告，节后上班第一天就要上交。好不容易盼到的长假却要加班赶报告，李蓉心里很不痛快，也没仔细询问报告的用途，以为是为公司新产品上市规划做参考，就按照以往的程序，上网查了一下相关资料，再依据领导的"喜好"做了些修改，一上班就交了上去。

实际上，领导需要的报告既要有竞争对手的真实数据，又要有本公司产品的销售情况分析，而李蓉上交的报告却没有这些。看到领导难看的脸色，李蓉委屈地小声说："我以为您是要做明年的销售计划……""你以为？你怎么不问我？不要总是'我以为'，有不明白的就问，更不要自己想当然地做！"上司打断了她的辩解。事后，李蓉越想越觉得自己无辜，甚至觉得是领导的管理方式有问题。"我以为他让我做的是这样，按照这个做了又不对，他当时怎么不说清楚呢！现在出了差错又怪到我的头上。"

李蓉的错误，就在于不用心的"想当然"。要消灭这样的错误，"多请示，多汇报"这句老话的确是金玉良言，因为很多时候我们对公司的运作情况还不是很了解，还没有掌握做事情的方法和途径，这个时候最需要的是向自己的老板请示、汇报如何做，特别是遇到以前完全没有碰到的事情，不要轻易地去做，不要轻易地表态，否则出了差错，只能怨自己。

还有一个年轻人，应聘到一家事业单位做电脑主管。由于工作非常努力，领导对他很欣赏，但因为一件"想当然"的事情，差点让他丢了饭碗。

那是临近年终的时候，大家都忙着整理自己的办公室，将一些废旧的报纸杂物清理后卖掉。他的机房里堆了好几台早已经被淘汰掉的旧电脑，很占地方，于是他想，反正这些电脑都已经被淘汰了，不如当废品卖掉。

结果刚到门口，他就被保安拦住了，并且叫来了保卫科长，科长毫不留情地将他训了一通，说这是单位的固定资产，怎么可以随便卖掉？即使不要了，也要经过单位规定的程序批准后才能报废，然后立即将这件事向领导做了汇报。结果因为这件事，他不仅被通报批评，还被扣了年终奖。

"想当然"是做事不用心的一种表现形式，不是只有新人才犯这样的错误。一些工作多年的人，自以为有丰富的工作经验，遇到问题不屑或不好意思问人，尤其是问上司，往往按惯例和惯有思考模式处理事情，就容易出现"想当然"的错误。

要想避免工作中的"想当然"，我们需要多问一下自己："事情真的是这样吗？""还有没有其他可能性？"多方了解真实情况，考虑周全之后再行动。

用心感言

　　做事不用心，就会"想当然"。在很多时候，我们并不是没有能力去了解真实情况，而是没有用心去了解；我们任由主观臆断占据自己的大脑，而不愿意用心把问题想清楚。这，往往就是错误和悲剧的根源。

把简单的事做得不简单

　　小赵在一家单位的办公室工作了 10 年。他每天的工作内容之一，是在早上给各科室的主任送报纸。十几个主任，分别在不同的院和楼，他闭着眼都不会走错。每次，小赵去送报纸，都带上足有半斤重的一大串钥匙。外面的防盗门、里面的木门，一把把钥匙，大大小小，相似又不相同。只见他走到门前，数秒钟内，就能准确无误地从众多钥匙中分辨出这个房门的钥匙。这一点，很让人吃惊。

　　有人曾问过他："所有办公室的门使用的都是同一类型的锁，你怎么能这么快识别出钥匙呢？"他只是笑着说："熟悉呗。虽然是同一类型的锁，钥匙极其相似，但每一把钥匙的齿纹却不一样。"

　　熟悉每一把钥匙的齿纹，这看似简单的事情，却包含了极大的用心。许多人面对一件看似简单的事情，从一开始就没有打算为此上心动脑，因为觉得那是在浪费精力。特别那些梦想着"做大事"的年轻人，觉得每天简单重复的工作会扼杀他们的激情与梦想。殊不知，不用心做事，连简单的事都不能做得得心应手，又有什么资格去做大事呢？

　　很多到海尔参观的人，总觉得海尔在管理上一定有什么灵丹妙药，只要照方抓药马上就可以见效。其实，海尔最大的成功经验就是：坚持将简单容易的事情天天做到最好。海尔总裁张瑞敏有一句名言："什么叫不简单？能够把简单的事情天天做好就是不简单。什么叫不容易？大家公认的非常容易的事情，非常认真地做好它，就是不容易。"

　　用心把简单的事做得不简单，就是一种成功。那些最终有所成就的人，也一样面对过不可计数、周而复始的小事情。就是在做那些所谓的简单小事的过程中，他们让自己从一粒沙子变成了一块金子，从而登上了更大的舞台。

天才的华裔青年数学家陶哲轩，获得了被称为数学界诺贝尔奖的"菲尔兹奖"。在他的经验介绍中，有一句话是这样的："我总是花大量的时间在非常简单的事情上，直到彻底理解。"

美国福特汽车公司的高管汤姆·布兰德是由一名普通员工做起来的。20岁时，他成了福特汽车公司一个制造厂的杂工。一开始，他就对工厂的生产情形做了一次全盘的了解。他清楚地知道一部汽车由零件生产到装配出厂，大约要经过13个部门的合作，而每一个部门的工作性质都不相同。

汤姆认为，既然自己要在汽车制造这一行做点事业，必须要对汽车的全部制造过程都能有深刻的了解。为此，他主动要求到生产第一线去，从最基层的杂工做起。杂工不属于正式工人，也没有固定的工作场所，哪里有零星工作就要到哪里去。通过这项工作，汤姆和工厂的各部门都有所接触，从而初步了解到各部门的工作性质。

一年半之后，汤姆申请调到汽车椅垫部工作，不久就学会了制作椅垫的手艺。后来，他又先后申请调到点焊部、车身部、喷漆部、车床部去工作。不到五年的时间，他几乎把这个厂的各部门工作都做过了。最后他决定申请到装配线上去工作。

对儿子的奇怪举动，汤姆的父亲十分不解，他质问汤姆："你工作已经五年了，总是做些焊接、刷漆、制造零件的小事，恐怕会耽误前途吧？"

汤姆笑着告诉父亲："我并不急于当某一部门的小工头。我的管理目标是整个工厂，我是把现有的时间做最有价值的利用，我要学的，不仅仅是一个汽车椅垫如何做，而是整辆汽车是如何制造的，所以必须花点时间了解整个工作流程。"

当汤姆确认自己已经具备管理者的素质时，他决定在装配线上崭露头角。汤姆在其他部门干过，懂得各种零件的制造情形，也能分辨零件的优劣，这为他的装配工作增加了不少便利，没有多久，他就成了装配线上的灵魂人物。很快，他就升为领班，并逐步成为15位领班的总领班。在福特公司，他是最年轻的总领班。

汤姆所做的都是一家汽车公司里最简单的工作，但就是这些简单工作的经验，使他超越了普通工人。

在中国，也有一位这样的年轻人。他在大学毕业后，进入一家证券公司，给经理当秘书。他的首要职责，就是将老板的日常琐碎事务打理好。他是个爱动脑子的人，就连在端茶送水这些小事上，他也能琢磨出门道来。比如，老板的话讲得多时，便多倒几次水；老板讲得慷慨激昂时，便不要去倒水，以免打断他。

他学的是英语专业，经常跟在老板身边做随身翻译，很快他便琢磨出了什么样的话需要一带而过，甚至不需要翻译，什么样的话需要逐字逐句地翻译，供老板在对方说话的语气中寻找对方的谈判意向。

作为秘书，他平时做得最多的便是帮老板整理文件，一般的秘书都是喜欢按时间先后摆放文件，他却不这么做，他按照自己理解的文件的重要性来摆放，并且将相互有关联的文件放在一起，以便老板随手可找到自己最需要的东西。

当有人问他为什么要这么做时，他说，最大限度地为老板提高效率是秘书的职责，哪怕是这种琐碎的不被人瞩目的小事，也要用心去做好。

当他把所有的琐碎小事都做得与众不同时，老板便知道，再让他做这种沏茶倒水的事便是屈才了。

这个年轻人叫卫哲，24 岁时出任万国证券资产管理总部的副总经理，36 岁成为阿里巴巴企业的电子商务总裁。

成功人士之所以成功，就在于他们不仅掌握了策略，更把简单的事情做到了极致。

用心感言

　　对于任何一项工作，哪怕是整理办公室这样的小事，只要投入 100% 的努力和热情，也会赢得别人的尊重和重视。当你用心地把每一件简单的小事都做得不简单的时候，成功就成了水到渠成的事情。

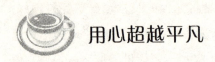

用心超越平凡

在美国华盛顿，有一个名叫卡尔洛斯的街头小贩。他出身贫寒，没念过多少书，所以长大后只能在华盛顿市的法拉格特广场经营早餐和快餐。在20年的时间里，他兢兢业业，用心做好每一份食物，对每一位顾客都用感情交流，从不把经营看成单纯的交易。

卡尔洛斯会祝每一位顾客一天都有好心情；他记住了几百位老顾客的喜好，对待每一个人的口味会调整，让每一位顾客深感亲切。他很欣赏自己的这份工作，常会发自内心地说"那些顾客真的很喜欢我"，这是一种多么幸福的感觉呀！他的卷饼甚至成了当地小吃的标志，是附近许多人每天必吃的食品。

人们光顾卡尔洛斯的卷饼摊，不只是为了得到美味的食物，还在于卡尔洛斯能与大家朋友般地敞开心扉互诉衷肠。这位街头小贩的可贵之处，在于没有简单地把他与顾客的关系看成买卖关系，而是把每一位顾客当成朋友，给予关心和尊重。而他得到的回报，除了金钱，更多的是尊重与铭记。很多光顾过卷饼摊的人出差或旅游在外，甚至是在异国他乡，都会给他寄一张明信片来表示问候和关心。

但是很不幸，这位受人爱戴和尊敬的小贩在2010年10月1日因心肌梗塞猝死，去世时年仅42岁。一般来说，一个小贩的离去并不会在社会上产生什么反响，但卡尔洛斯的去世，引发了许多与他相识和不相识的人的哀思，连著名的《华盛顿邮报》也在头版刊登了他的讣闻和故事。人们纷纷自发去他曾经摆过摊的法拉格特广场点起蜡烛，摆上鲜花寄托哀思。

工作本身是不分高贵与低贱的，即使是平凡的工作，只要用心去做，发自内心地尊重和关心他人，就会得到他人的尊重，这不仅使工作变得更加体面，更能使人格变得出众。

在中国，也有一个像卡尔洛斯那样以平凡的工作赢得世人尊敬的普通人，他就是四川省凉山彝族自治州木里藏族自治县马班邮路乡邮员——王顺友。

木里藏族自治县处在青藏高原南缘，横断山脉中段，境内到处是大山，全县面积 13400 多平方公里，人口只有 12 万多，许多地方至今都是无人区，交通极其不便。

20 多年前，王顺友接过父亲手中的缰绳，成为马班邮路乡邮员。1999 年以前，王顺友跑两条线路，来回 500 多公里。后来，领导照顾他，只让他跑木里县城至保波乡一条邮路。这条路来回 360 多公里，牵着骡子跑一趟需要 14 天，其中有 6 天必须在荒无人烟的大山里过夜。为了克服一个人宿营的孤独和恐惧，王顺友学会了喝酒和自编自唱山歌。做乡邮员这么多年，王顺友每年投递报纸杂志 4000 多份，函件、包裹 2000 多件，却从来没有丢失过一件，投递准确率达 100%。除了本职工作，他还利用工作之便帮群众做点好事，比如买种子、带盐巴等。

2001 年 8 月，木里县连下十几天大雨，山体大量滑坡，县城至白碉的道路被洪水糟蹋得不成样子。西昌学院学生海旭燕永远忘不了王顺友给她送信的那个傍晚。当时，王顺友站在雨里，没穿雨衣、膝盖以下都是黄泥浆，旁边的骡子背上倒是蒙着雨布。他第一句话是："你的大学录取通知书来了。"海旭燕接过干干净净的录取通知书的一刹那，感动得说不出话来。她立即明白，王顺友并不是没穿雨衣，而是用雨衣盖邮包了。海旭燕请他进屋躲躲雨，被王顺友谢绝了。

事后，王顺友说，他本来可以迟一点再送这一班邮件，但当他看到邮件中有一封录取通知书时，他坐不住了。上大学是山区孩子最崇高的渴望，这个孩子一定等得很着急，于是，他顶风冒雨赶了一天一夜的山路来到了海旭燕家。

2005 年，王顺友被邀请到万国邮联做演讲。万国邮联自 1874 年成立以来，他是被邀请的第一个最基层、最普通的乡邮递员。他18分钟的演讲得到了各国代表的普遍好评，许多人当场流下了感动的泪水。

王顺友文化程度不高，小学没有念完，不会说什么豪言壮语，更没有想到自己作为一个普通的邮递员会得到这样的看重。他经常说的一句话是：咱不是一般的企业，是国家邮政，代表的是政府。因此，他从不看轻自己，20年如一日坚守着乡邮递员这个普通的岗位。

就是这样一个普普通通的邮递员，感动了整个中国。中央电视台"感动中国"2005年度人物颁奖典礼上，王顺友的出场赢得了现场观众长久而热烈的掌声。

用心感言

　　大多数人只知追求体面的工作，但一味索求而不愿用心做事的人，即便拥有体面的工作，恐怕也难以有什么成就。做人做事要用心，才能像卡尔洛斯和王顺友一样，成为一个被尊重的人。不论职位高下，不论收入高低，不论社会地位贵贱，只要以百分之百的诚意和用心去工作，每个人都可以超越平凡，站到被人敬仰的高度上。

专注于每一个细节

在工作中，一个人是不是用心，有一个很简单的判断依据，就是看他对细节的专注程度。细节最容易为人所忽视，因而也最能反映一个人的真实状态和深层次素质。做事用心的人往往专注于每一个细节，做到滴水不漏、一丝不苟，从而显示出巨大的竞争力；而那些轻易放过每一个细节、轻率浮躁的人，根本不能得到别人的信任。

人类历史有不少悲剧，都是那些工作不可靠、不用心的人忽视细节而造成的。研究人员曾经归纳出一条"事故法则"：每起严重的安全事故的背后是 29 次轻微事故、300 起未遂先兆和 1000 起事故隐患。这些轻微事故、未遂先兆和事故隐患只要稍加留意就可发现。但若在细节上疏忽大意，事故与损失就不可避免。

1986 年 1 月 28 日，美国的"挑战者号"航天飞船刚升空就发生了爆炸，包括两名女宇航员在内的 7 名宇航员在这次事故中罹难。调查发现，事故是因一个 O 型密封圈在低温下失效所致。失效的密封圈使炽热的气体点燃了外部燃料罐中的燃料。其实事故是有可能避免的。在发射前夕，有些工程师警告不要在冷天发射，但是由于发射已被推迟了 5 次，所以警告未能引起重视。

这次事件是人类航天史上最严重的一次载人航天事故，造成直接经济损失 12 亿美元，并使航天飞机停飞近三年。最根本的原因就在于：一些人员做事没有用心，一个细节上的疏忽和敷衍了事，就造成了无可挽回的巨大损失。

一叶知秋，见微知著。一个人做事是否用心，责任感重不重，都可以通过日常细节体现出来。正因为如此，透过细节看人，逐渐成为衡量、评价一个人的最重要的方式之一。现在，许多用人单位在招聘新人时，还专门针对细节下些功夫。这里有一个较典型的事例：

张军和高永同时应聘进了一家中外合资公司。这家公司前途光明，待遇优厚，有很大的发展空间。他们俩都很珍惜这份工作，拼命努力以确保试用期后还能留在这里，因为公司规定的淘汰比例是 2∶1，也就是说，他们俩必然有一个会在三个月后被淘汰出局。

于是，高永和张军都咬着牙卖劲地工作，上班从来不迟到，下班后还要经常加班，有时候还帮后勤人员打扫卫生，分发报纸。

三个月后，高永被留了下来。张军不服气找到部门经理问个究竟，经理告诉他："从你们中选拔一个，还真不容易。你们工作上不分高低，和同事关系也很融洽，所以我就常去你们宿舍串门，想更多地了解你们。我发现了一个现象，凡是你们不在的时候，你的宿舍仍亮着灯，开着电脑。

而高永的宿舍则熄了灯，关了电脑。所以，我最后只能选他。"张军听完，默默地走了。

是否熄灯、关电脑，看起来是微不足道的"小节"，却能反映出一个人是否有严谨的态度和习惯。这个细节上，决定了两个能力相当的人的成败。

正所谓"成也细节，败也细节"，细节的竞争既是成本的竞争，工艺、创新的竞争，也是各个环节协调能力的竞争；从人才层面上说，也就是才能、才华、才干的竞争。企业的细节处理艺术，决定于每个员工的细节意识和细节观念。如果员工在细节毫末处处用力，必然能增强企业的竞争力。

20世纪20年代末，美国亚特兰大市有一家汽车修理店。这家店的店面大，所以无论高档车还是低档车都放在一起修理。老板请的员工都拥有着非常丰富的经验，设备也是当时最先进的，可让人没有想到的是，生意却做得非常糟糕。老板一筹莫展，渐渐有了关店结业的想法。

有一天中午，一辆低价车和一辆高档车同时来到店里修理。在这过程中，那两位车主表情都有些不自然，似乎在担心什么。那辆高档车的问题比较简单，所以没多久就修理好了。高档车的车主驾车离去后，很快又来了另一辆比较高档的轿车要修理。然而，当车主下车看了看后，竟然驾着车子离去了。那天下午，正当员工们在修理一辆高档车的时候，有一辆低档车在店门口停了停，却马上离开。

其他人没有留意这一切，除了一位新来的年轻修理工。当天下班后，这位年轻员工来到老板面前，向他提了一个建议：在店面的中间隔一道墙，一边专门用来修理高档车，一边专门用来修理中低档车。这位员工保证，只要按照他说的做，一定可以改变生意差的状况。

老板不太相信，但心想反正花钱不多，试试也不妨，于是就来工人，在店面里隔了一堵墙。没有想到，就这么一堵墙，顿时改变了经营状况。生意一天比一天好，营业额也大幅上升。

为什么这堵墙能有如此神奇的作用？有一天，老板纳闷地把小伙子叫到身边问，问这堵墙究竟有什么奥妙。小伙子告诉老板："以前，我们的店面里所有的车子都放在一起修理，那些高档车的车主看着自己的车子和低档车一起修理，就会怀疑：'他们只是修理低档车的，够不够水平修理高档车呢？'而那些低档车的车主呢，又会想：'他们都在修理高档车，给我这个低档车修理是不是也很贵？'正因如此，顾客脸上才会有一种担心的表情，甚至有些顾客来到我们的门口还离去了！而现在这堵墙在把店面分开的同时，也把顾客的那些忧虑和怀疑给消除了，这就是我们的生意能好起来的原因！"

老板听后茅塞顿开。从此以后，他就把这套"分类修理"作为自己的经营特色，果然取得了大发展。这家公司，就是如今世界500强之一的汽修汽配巨无霸——美国蓝霸汽修连锁公司。当初的那位年轻员工，就是后来蓝霸公司的第二任 CEO 约翰·麦杰尼。

麦杰尼曾经在他晚年写就的职业传记中提到过这样一句话：所有创新都来自于细节，而创新其实很简单，有时候它仅仅是在细节中竖一堵墙！

用心感言

　　细节是王道。不论企业还是个人，如果能用心发现细节里潜藏的机会，并以此为突破口，改变思维定势，工作绩效就有可能得到质的飞跃。

第 四 章

认真埋头苦干，不如用心巧干

肯干实干，还要用心巧干

　　有人认为，只要认真埋头苦干，工作自然就能干好；而且干得多，收获自然就多。事实真的如此吗？我们先来看一个故事：

　　一个身体强壮的年轻人到伐木厂去应聘伐木工，老板看他身体壮实，挺适合干这个，就让他留下来了。第二天这个人很早就起床，一天下来伐了20棵树。老板夸奖他："你真行，你是我们这里一天伐木最多的人。"

　　第三天这个工人起得更早，想表现得更好，但是一天下来伐了17棵树。他认为是自己不够努力，于是第四天起得更早，结果到最后只伐了15棵树。

　　这个工人开始疑惑了：我工作一天比一天努力认真，为什么我伐的树却一天比一天少呢？老板就问："你的斧头磨了吗？"这个工人这才恍然大悟，原来是因为斧子钝了的缘故。

　　许多人就像这个年轻伐木工，认为勤奋就是不停地工作，就是加班加点，却不知勤奋除了努力工作，还要用心找出解决问题的方法。工作不用心，没有干到点子上，就是缺乏效率，事半功倍，只会白白浪费力气。《伊索寓言》中有一个众所周知的故事，讲的正是同一个道理：北风和太阳比赛，比谁先让行人脱下外衣。北风一个劲地吹，一次比一次厉害，但还是失败了，不但没能使行人脱掉衣服，反而裹得更紧了。太阳将强烈的阳光照向人们，人们热得受不了了，把衣服一件一件地脱了下来。最后太阳赢了。为什么太阳能赢呢？因为做什么事，光靠力气拼命是不够的，还要注意方法。

　　勤勤恳恳的老黄牛精神固然让人尊敬，但在当今时代，讲的是效率为先。一味埋头死干、蛮干，只会累人累己、徒劳无功。我们要认真苦干，更要用心巧干。惠普前首席知识官高建华说："惠普这样的跨国公司不提倡员工整天努力地拼命工作，而提倡员工聪明地工作，希望员工在工作中开动脑筋，想出更好的办法去解决问题、完成工作，从而提高工作质量和效率。"

懂篮球的人都知道，乔丹很努力，但他更是一个非常聪明的运动员，他把精确计算、空间艺术、心理战等诸多元素都加入到篮球运动中，本身的天赋和对方法技术的无比热爱，使他把篮球水平发挥到极致，他才能成为历史上最好的篮球运动员。

世界上绝大多数的科技发明，都是那些提倡用心巧干的人所发明的。那些伟大的发明家，在面对简单重复的辛苦劳作时，总是不甘心埋头死干，希望找到更方便、更快捷、更简单的工作方法。比如，爱迪生被炒鱿鱼，是由于在他任电报操作员时发明了一种可以在工作时打盹的装置。当亨利·福特还是少年时，就发明了一种不必下车就能关上车门的装置。当他成为闻名于世的汽车制造商时，他仍是个巧干家。他安装了条运输带，从而减少了工人取零件的麻烦。在此问题解决后，他又发现装配线有些低，工人不得不弯腰去工作，对身体健康有极大的危害，所以他坚持把生产线提高了8英寸。这虽然只是一个简单的提高，却在很大程度上减轻了工人工作量，提高了效率。

在意大利有一个小村庄，除了雨水没有任何水源。最近的一个湖泊在10公里外。为了解决饮水问题，村里人决定对外签订一份送水合同，以便每天都能有人把水送到村子里。村子里有两个年轻人，他们是堂兄弟，分别叫布鲁诺和柏波罗。他们愿意接受这份工作，于是村里的长者把合同同时给了这两个人。

签订合同后，布鲁诺便立刻行动起来。他每天在10公里外的湖泊和村庄之间奔波，用两只大桶从湖中打水运回村庄，倒在由村民们修建的一个结实的大蓄水池中。每送一桶水，他能赚10块钱。每天早晨他都必须起得比其他村民早，以便当村民需要用水时，蓄水池中已有足够的水供他们使用。

由于起早贪黑地工作，布鲁诺很快就开始挣钱了。尽管这是一项相当艰苦的工作，但他还是非常高兴，因为他能不断地挣钱，并且他对能够拥有两份专营合同中的一份感到满意。

柏波罗呢？自从签订合同后他就消失了，几个月来，人们一直没有看见过他。由于没人与竞争，布鲁诺挣到了所有的水钱。那么，柏波罗干什么去了？

原来，柏波罗做了一份详细的商业计划书，并凭借这份计划书找到了4位投资者，和自己一起开了一家公司。半年后，柏波罗带着一个施工队和一笔投资回到了村庄。花了整整一年时间，柏波罗的施工队修建了一条从村庄通往湖泊的不锈钢管道。

后来，附近缺水的其他村庄也需要水。柏波罗便重新制订了他的商业计划，开始向各村庄推销他的快速、大容量、低成本并且卫生的送水系统。每送出一桶水他只赚10分钱，但是每天他能送几十万桶水。无论他是否工作，无数的村庄每天都要消费这几十万桶水，而所有的这些钱便都流入了柏波罗的银行账户中。

柏波罗从此过起了幸福舒适的生活。而布鲁诺呢？他仍然拼命地工作着，却总是为未来担忧。

在工作中，我们也应该多问问自己："我究竟是在修管道还是在挑水？"

用心感言

小到干成一件事情，大到干出一番事业，光苦干是不行的，一定要用心学习、摸索、总结经验，寻找更简便、更有效的方法。只有用心巧干，才能让你有更多的时间享受生活，同时创造出最佳的业绩。

用心找点子，工作有路子

前文说过，要埋头苦干，更要用心巧干。什么是巧干？有两层含义：一是"干"，就是要有行动；二是"巧"，就是要有方法和技巧。行动人人都能做到，可是讲到工作中的好点子，却需要用心去思考和摸索。

卓越的员工必定是方法高手。他们相信凡事必有方法去解决，而且能够用最巧妙的方法将问题解决得最完美。这里有个真实的故事：

一家房屋装修公司负责两栋刚竣工的大楼内部装修。经过一个月的紧张工作，终于准时地完成了装修。

在装修完成的第二天，公司经理突然收到一张购买两只小白鼠的账单，不禁觉得奇怪。两只小白鼠是他的一个员工买的，可是这跟他们的工作有什么联系呢？于是，经理把那个员工叫来，问他账单是怎么回事。"我想你一定可以给我解释一下老鼠的用处。"经理说。

员工不慌不乱地解释道："上个月我们公司负责装修的那座大楼里，要安装新电线。我们要把电线穿过一根管道。管道有 10 米长，但直径只有 2.5 厘米，而且都是砌在砖石里，还转了 4 个弯。一开始，我们都不知道怎样让电线穿过去。最后我想到一个好点子。我到一个商店买来一公一母两只小白鼠。然后我把一根线绑在公鼠身上并把它放到管子的一端。另一名工作人员则把那只母鼠放到管子的另一端，想办法让它发出叫声。公鼠听到母鼠的叫声，就沿着管子跑去救它。公鼠沿着管子跑，身后的那根线也被拖着跑。我把电线拴在线上，小公鼠就拉着线和电线跑过了整个管道。"

这名员工的回答，让经理非常满意。由于积极想点子解决难题，这名员工也受到了公司的嘉奖。从这个事例不难看出，懂得用心巧干的员工，是企业的幸运和财富；因为他们比别人更能有效地提高企业的绩效。

工作就是不断面对问题，进而找出方法来解决问题的一个过程。事实一再证明，看似极其困难的事情，只要用心开动思维的齿轮，充分地发挥丰富的想象力，必定能有所突破。

史玉柱曾建议一个创业者"在弱小的时候，不要蛮干，要巧干"。他本人就是一个善于找方法、想点子的"巧干"高手。例如，脑白金上市初期，史玉柱资金不足，做不起广告，他就想办法另辟蹊径。他着眼于媒介公关在商业传播中的重要作用，想出一系列好点子来打响品牌。首先，他出了一本书，对人们的健康认识进行颠覆性洗脑。书中虽没有提及脑白金产品，却让消费者了解了褪黑素。为了更深入地向人们灌输脑白金的概念，他又启用了大量的"软文"，扩大了影响力。日后，这些软文成为营销界的经典之作，为史玉柱在短短的 3 年内销售额达到十几个亿，立下了汗马功劳。

稻盛和夫被日本经济界誉为"经营之神"。他所创办的京都陶瓷公司，是日本最著名的高科技公司之一。该公司刚创办不久，就接到著名的松下电子的显像管零件 U 形绝缘体的订单。这笔订单对于京都陶瓷公司的意义非同一般。

但是，与松下做生意绝非易事。商界对松下电子公司的评价是"松下电子会把你尾巴上的毛拔光"。对于新创办的京都陶瓷公司，松下电子虽然看中其产品质量好，给了他们供货的机会，但在价钱上却一点儿都不含糊，且年年都要求降价。

对此，京都陶瓷有一些人很灰心，认为他们已经尽力了，再也没有潜力可挖了。再这样做下去的话，根本无利可图，不如干脆放弃算了。但是，稻盛和夫认为：松下出的难题，确实很难解决，但是，屈服于困难，也许是给自己未足够地挖掘解决办法找借口，只有积极主动地想办法，才能最终找到解决之道。

于是，经过再三摸索，京都陶瓷公司创立了一种名叫"变形虫经营"

的管理方式。其具体做法是将公司分为一个个的"变形虫"小组，作为最基层的独立核算单位，将降低成本的责任落实到每一个人身上。即使是一个负责打包的员工，也都知道用于打包的绳子原价是多少，明白浪费一根绳子会造成多大的损失。这样一来，公司的营运成本大大降低了，即便是在满足松下电子苛刻的要求下，利润也甚为可观。

稻盛和夫的坚持与成功说明，当你在某个难题面前屡屡受挫时，你唯一正确的做法就是把心静下来，继续开动你的大脑，因为好点子永远不缺，只需要你去用心发掘。

用心感言

只有用心找点子，工作才会有路子，这是我们都应该明白的道理。近年流行一句话，叫"方法总比困难多"，确非虚言。有些事情并不是难以做到，而是因为我们没有用心去找方法解决问题。再简单的问题，若不去找方法，问题也会重如山；再困难的问题，只要积极地去找方法，最终一定能迎刃而解。

 ## 巧妙利用身边的资源

有一个孩子在河边沙滩上玩耍。沙滩上放着他的玩具，有小汽车、敞篷货车、塑料水桶和塑料铲子。在松软的沙堆上修筑公路和隧道时，他发现有一块巨大的岩石。于是，他开始挖掘岩石周围的沙子，企图把它从泥沙中弄出去。可他是个小孩，没有那么大力气，而岩石却相当巨大。

他用手推，用肩挤，左摇右晃，一次又一次地向岩石发起冲击，可是，岩石一动不动，即使他使出吃奶的力气也不行。没办法，孩子伤心地哭了起来。这整个过程，从在一边的孩子的父亲看得一清二楚。当孩子在哭泣时，父亲来到了他的跟前。

父亲问他："你为什么不用上所有的力量呢？"孩子垂头丧气地回答："但是我已经用尽全力了，爸爸，我已经尽力了！我用尽了我所有的力量！"

"不对！"父亲亲切地纠正道，"你并没有用尽你所有的力量。你没有请求我的帮助。"说完，父亲就弯下腰抱起岩石，将岩石搬出了沙滩。

父亲说："孩子，做事情在靠自己不行的时候，要学会利用身边的资源。"

不管你要成为一个优秀的员工，还是要成为一个成功的人，如果你用心工作，就不要忘记这样一句话：智者找助力，愚者找阻力。没有一个人能够独自成功，要学会用心发现和利用身边的一切资源，这是一种高效的社会智慧。

有位年轻人应聘到一家公司做销售。上司交给他一项任务，让他在本市做一下公司产品的市场调查，然后策划一份市场营销活动方案。年轻人刚上班，工作又是上司亲自交代的，因此不敢有丝毫懈怠。他一个人来到各大商场做了一番调查，然后带着手头资料躲进写字间，搞起方案来。可是，很长时间过去了，他的方案还是没有做出来。

实际上，他收集的那些资料公司都有，他只要向有关部门借阅一下即可，而他却不懂得向别人寻求帮助，用别人的智慧来帮自己克服工作中的困难，只是一个人像没头苍蝇似的蛮干，当然理不出任何头绪。

很多人之所以觉得问题难，是由于他们只倚重自己的才华和能力，而不懂得去获取别人的帮助。他们就像那个小孩子一样，对身边的资源视而不见。有的人甚至为了过于突出自己，把本来可以帮助自己的人赶走了。

我们应该明白：不论是社会还是企业，人不是孤立的，而是活在群体中的。所以员工在任务面前要充分考虑自己的现状，善于和别人合作，要巧妙地利用他人的智慧来帮助自己迎接、挑战困难，这样才有可能避免陷入生存的绝境，并且能够取得成功。

从古至今，成功者无不千方百计地借用外力以成己事，这样的例子数不胜数。这里有个有趣的故事：

有几个和尚要在一座大山上建造寺院，需要木料和砖瓦。木料没问题，满山都是大树，可就近砍伐。但是砖瓦却需要从山下运来，而他们缺少人手，实在让人犯难。

后来，一个聪明的和尚想了一个好点子。他先让人把需要的砖瓦堆积在山下，然后四处宣扬，说自己擅长飞瓦砌屋，不用工匠，砖瓦便会自动飞起来把房盖好。听到的人半信半疑，都想当面看个究竟。

到了要盖房的那天，山下聚积了数千人。可是砖瓦还堆在山下，几个和尚正在慢吞吞地挑瓦上山。观众们为了早一点看到和尚飞瓦，都争着帮忙搬运砖瓦。人多手快，不一会儿，堆积在山下的砖瓦便被搬到了山上。

搬完砖瓦，大家都选好位置等着看和尚作法。那和尚出来连连施礼，说："刚才作法已经完毕，砖瓦不是已经'飞'上山来了吗?"大家一听，知道被戏弄了。虽有些不快，但都佩服和尚的智慧，就当是积德行善了。就这样，和尚巧妙地借用了外力资源，成功解决了难题。

在我们的身边，资源无处不在，包括物力和人力。而能否正确地认识和利用资源，取决于我们看待资源的角度。如果思考过于简单，没有意识到资源的价值，甚至把资源当废物，就会造成资源的隐性浪费。相反，如果能用心了解和运用，一些看起来没有什么价值的资源却能为我们带来巨大的财富。

李正伦是湖北秭归县一个小有名气的企业家。2003 年，李正伦发现外地超市里卖的一些贵州、云南等山里的特产土菜很让消费者喜欢。秭归山高、地广，土菜资源十分丰富，于是李正伦有了开发家乡特产土菜、生产风味食品的想法。

很巧的是，他的家乡也在四处为村民生产的农产品寻找出路。当地农民世代种植玉米、土豆、红薯等传统作物。因为山高人稀，交通不便，村民一直没有使用化肥，都是用农家肥种庄稼，加上海拔高，病虫害少，村民也很少使用农药，但是这样生产出来的东西却卖不出去。老百姓家里常常堆着大堆小堆的南瓜、土豆、红薯之类的东西。老百姓都是自己吃一部分，然后做些腌菜，再就是用来喂猪，剩下的就只好让它烂掉。所以，当李正伦表示想做土特产品加工时，当地政府十分支持。于是，李正伦建起了半成品加工厂，与农民签订收购合同，以高于市场的价格收购农民种植和养殖的农产品。

后来，李正伦又成立了一个食品公司，上了一套先进的食品生产线。传统风味食品应该怎样做呢？当地的传统食品都是老百姓一代一代传下来的，也正因为如此，才保持了它的原汁原味。只有少数老年人还保留着一些传统食品的做法。因此，李正伦打起了老太太们的主意。

他的食品公司开始面向全县招工，招工对象是60岁左右的老太太，月薪非常优厚。很快，公司顺利地聘请到了40位有传统菜制作手艺的老年人作为技术顾问。这些老太太每人最少能做一道特别拿手的好菜，如腊肉、泡菜、风味豆豉、土豆酱、腌菜等土菜。

通过这次招工，李正伦借鉴传统食品的制作秘方和手艺，并抛弃掉传统中一些不规范的制作方法，开发出了30多个特色食品。有了老太太们提供的秘方，配以高海拔深山里生产的农产品原材料，保证了传统食品的原汁原味，再加上比较先进的制作工艺，李正伦生产的这些食品一上市就受到消费者的热烈欢迎。公司销售额因而一路上升。

不难看出，这位企业家的成功，不仅在于能够敏锐地把握商机，还在于巧妙地利用了家乡的资源。不论是原先卖不出去的农产品还是老年人，在一般人眼前也许根本算不上什么好资源，可是李正伦却能发现其独特的价值，并用心开发和利用，这才成就了事业的辉煌。

用心感言

改善工作效率一个很重要的方法，就是对现有资源的有效利用。在工作中，资源无处不在，关键看你是否能用心发现。当你苦闷于难题无法解决的时候，就要用心想想，还有哪些资源等待自己开发和利用。

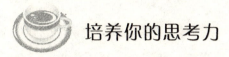 ## 培养你的思考力

著名的成功学大师拿破仑·希尔有一本影响巨大的书，书名叫"思考致富"。为什么说"思考"致富，而不是"努力"或"勤奋"致富？希尔强调：最努力工作的人最终绝不会富有。如果你想变富，你需要"思考"，独立思考而不是盲从他人。

德鲁克在《有效的管理者》一书中写了一段很有意思的小故事，说的是某份杂志刊载了一幅漫画，画中一间办公室的玻璃门上写着"某某公司业务经理史密斯"，办公室的墙上贴着一个字"想"。画中的经理大人，双脚高放在办公桌上，面孔朝天，不断向上吐着烟圈。办公室外有两位员工小声响咕："天晓得史密斯在想什么！"杜拉克的评点写得很到位：的确，谁也不知道一个领导人在想些什么。但"想"，即思考，正是一位领导者的本分。

在我们的身边，许多人跑来跑去，看起来都很忙碌，很认真，其实根本没有做成多少事。许多本该有的创意和智慧，就在无谓的忙碌中遗失了，根本看不见什么才是真正最重要的。我们总强调要聪明地工作，可为什么新点子总是难以浮现呢？关键就在于没有给自己一点时间，让自己静下心来思考。

相信很多人都知道欧内斯特·卢瑟福的这个故事：卢瑟福被誉为20世纪最伟大的实验物理学家之一，一生都非常注重思考，他认为思考得越多，实验的成功率就越大。一天晚上，卢瑟福到实验室去取一样东西，刚好遇到一个学生仍在理头做实验。他问道："这么晚了，你还在这里做什么？"

学生回答："我在工作。"

卢瑟福又问："那你白天做什么了？"

"我也在工作。"学生响亮地回答。

"那你早上呢？也在工作吗？"

"是的，老师，我早上也在工作。"学生自信地说，因为他认为老师如果知道他这样努力工作，一定会非常高兴的。谁知卢瑟福正色批评学生道："如果你一整天都在工作，那用什么时间来思考呢？"学生被问得哑口无言。

金融大亨索罗斯也和卢瑟福一样，把思考看得远比忙碌重要。一般来说，从事股票交易职业的人都习惯于勤奋工作，每天都去交易所办公。对此索罗斯说："在交易所上班是重要的，但不一定每天都要去。我只有感觉到有必要的时候才去，并且这一天我真的要做一些事情。……要给自己留点闲暇时间，哪怕去散步或闲逛也好，放松一下绷紧的神经，有利于保持清醒的头脑，在关键时刻做出最敏捷的反应和判断。"

确实，在决定成败的关键时刻，作最佳选择所需要的不是忙碌，而是用心地沉思。拉丁美洲谚语说："不会思考的人是白痴，不肯思考的人是懒汉，不敢思考的人是奴才。"善于思考的人善于改变，思考对于行动，相当于"磨刀不误砍柴工"，将自己的现状、前景和方向分析得很透彻的人，远远胜于所有盲目的奔波忙碌。

埃玛·盖茨博士是美国的大教育家、哲学家、心理学家、科学家和发明家。有一天，拿破仑·希尔前往盖茨博士的实验室去拜访他。当希尔到达时，盖茨博士的秘书却向他抱歉说，博士现在不能见他，恐怕他得等上3个小时。希尔想知道原因，秘书告诉他，博士正在"静坐冥想"。这引起了希尔的好奇心，他决定要等。

事实证明，这个决定非常值得，因为希尔见识了一个卓有成就的人如何进行思考的过程。盖茨博士领他到一个隔音的房间去，这个房间里唯一的家具是一张简朴的桌子和一把椅子，桌子上放着几本白纸簿，几支铅笔以及一个可以开关电灯的按钮。这就是博士"静坐冥想"的地方。

盖茨博士告诉希尔，当他遇到困难而百思不解时，就走到这个房间来，关上房门坐下，熄灭灯光，让全副心思进入深沉的集中状态。他就这样运用"集中注意力"的方法，要求自己的潜意识给他一个解答，不论什么都可以。有时候，灵感似乎迟迟不来；有时候似乎一下子就涌进他的脑海；更有些时候，至少得花上两小时那么长的时间才出现。等到念头开始澄明清晰起来，他立即开灯把它记下。

　　埃玛·盖茨博士一生中在各种艺术和科学上有许多发明和发现。他曾经把别的发明家努力过却没有成功的发明重新研究，使它尽善尽美，因而获得了 200 多种专利权。按拿破仑·希尔的话说，他就是能够加上那些欠缺的部分——"另外的一点东西"。为什么他能做到这一点？就在于他特别安排时间来集中心神思索，寻找另外一点。经过思考，他很清楚自己要什么，并立即采取行动，因而他获得了成功。

　　由此看来，思考方法具有巨大的威力。威廉·詹姆斯说过："思考的越多，得到的越多。"因为思考可以释放能量。当你把思考全部集中在自己最感兴趣的事情上时，大量新奇的想法便如泉水般涌现，无穷无尽的智慧就会倾注到你的头脑之中。通过思考，你能比从前做更多、更出色的工作，获得比现在更丰富的知识。

　　一个人的思考能力一定程度上决定着他的高度。因此，我们每天应该拿出一定的时间思考。无论是早晨花几分钟时间思考，还是下午结束工作之前花时间思考，或者两者兼而有之，对每一个人都很重要。只有注意培养自己的思考能力，才能给工作带来好处。

用心感言

　　大凡用心做事的人，都懂得思考的重要性。所谓用心做事，就是要你用心思考，开拓创新，用最好的方法在最短的时间内完成工作。只有开动脑筋、善于思考的人才有可能得到重用，立于不败之地。

时刻追求高效率

很多公司里都会有这样一种人：他们的桌子上总是摆满了文件资料，总是显得忙忙碌碌，似乎日理万机。他们工作勤勤恳恳，几乎没有一点休息时间。有时候下班了，他们还会自动加班到很晚。他们以为这样的表现，足以给老板一个良好的印象，得到晋升的资本。然而事实上，令这些人愤怒的是，老板似乎"无视"他们付出的辛劳和时间，他们很难高升，很少被重用。

汉夫特就是这样的老板。他是加拿大渥太华一家宾馆的主人，以"懒惰"著称。凡是能交给手下干的事，他绝不亲自去做。宾馆业务虽然繁忙，他却整天悠闲自在。有一年的圣诞节，他让宾馆全体员工分别评选出10名最勤快和10名最"懒惰"的员工。汉夫特让人把10名最"懒惰"的员工叫到他的办公室。这些员工忐忑不安，以为免不了要被炒鱿鱼。可是令他们没有想到的是，一进门，汉夫特说："恭喜各位被评为本宾馆最优秀的员工。"

这10名员工面面相觑，以为老板在开玩笑。汉夫特微笑地解释道："根据我的观察，你们的'懒'突出表现在总是一次就把餐具送到餐桌上，一次就把客人的房间收拾干净，一次就把工作干完，因此在别人眼里你们每天大部分时间都闲着，无所事事。但依我看，最优秀的员工无一例外都是'懒汉'——'懒'得连一个多余的动作都不想去做。而勤快员工的'勤'，大多表现在整天忙忙碌碌，不在乎把力气花在多余的动作上，做一件事不在乎往来多少趟，花多少时间，如此能有效率吗？"

这说明了什么呢？说明工作效率远比废寝忘食更重要。如果我们忙得没有效率，别的职员用半小时可以完成的工作，我们却用了 3 小时。这样的工作表现，即便我们再忙碌，也很难得到老板的赏识。因为你不仅在浪费自己的生命，也在浪费公司的时间和资源。

效率的真正含义，就是在同样的时间内争取最大的收获。我们来看一个小故事：老师出了一个题目让学生来完成。这个题目看起来是不可能完成的，即在一个同时只能烙两张饼的锅中，3 分钟内烙好 3 张饼，每张必须烙两面，每面烙 1 分钟。这样算下来，最少需要 4 分钟才有能把 3 张饼烙完。可是老师只给了学生 3 分钟的时间，这怎么办呢？

学生想了想，就有了方法：关键在于打破常规的烙饼方法。先烙两张饼。1 分钟后，把一张翻烙，另一张取出，换烙第 3 张。又过 1 分钟，把烙好的一张取出，另一张翻烙，并把第一次取出的那张放回锅里翻烙。结果 3 分钟后，3 张饼全烙好了。

每一个人都应该像这位学生一样不断改进工作方法，在最短的时间内取得最好的效果。因为对企业来说，时间就是金钱，效率就是生命。如果你能在相同的时间里比其他员工办的事情更多，而且办得更好，就意味着你的能力更强，绩效更高。这样的员工自然能获得提拔，获得比别人更好的待遇。

从做生意的角度来说，如果你不能提高效率，不能抢得先机，不能在同样多的时间里，做得比别人多，跑得比别人快，就迟早要被市场这只老虎吃掉。因此，每一个想成功的企业，想在商界成就一番大业的人，都务必养成提高效率的思维和行动习惯。

IBM 总裁路易斯·郭士纳在自传《谁说大象不可以跳舞》中认为，如果一个企业的效率能够运转得可以让庞大的"大象"跳起舞来，那么这个企业无疑是成功的。这种企业是可怕的，注定要领导其所处的行业。

那么，怎样提高效率呢？答案还是那一条：用心。如果你在网上搜索，你会得到成百上千条提升效率的方法。但不管是什么方法，如果不能用心工作，都不会取得很好的效果。效率是一点一滴提升的，而这一点一滴是通过你用心做事获得的。不用心去想、去做，一切提高效率的方法都是空谈。反之，如果你热爱自己的工作，全心全意做一件事，那么效率会在无形中提高。

有一位企业家说："如果按着常规，你一天 8 小时上班，真正用心做事的可能也就 4 个小时；如果你用心去做事，一天 8 小时全用上或再多用 4 个小时的话，你平均一天就要比别人多 4 个或 8 个小时的工作时间，那么别人上 8 年班，你实际就上了 16 年或是 24 年。这个工作生命只属于你自己，你的收获可能不会短期地反映在你的收入上，但是长期以来，肯定会反映在你的生命质量和工作质量上。"

确实，在相同的时间里，用心的程度不一样，做事的效率不一样，就决定了不同的命运。

用心感言

我们都知道"时间就是金钱"，但实际上，你要真的让时间产生更多的金钱，就一定要用心提高自己的效率。你越用心，你的效率越高，你的金钱就越比别人多，你的成功就来得比别人快，比别人容易。

不要被琐事淹没

要看一个人的事业成功与否，并不看他在银行中存款有多少，而要看他怎样利用身体内在的精力和能力，以及对工作的用心程度。有一个道理人人都明白：要把自己的精力全部倾注到事业上。但事实上，我们仍然不知不觉地在并不重要的琐事上浪费不少精力。

张毅因为工作勤奋、认真负责而被任命为一家连锁门店店长。走马上任后，他仍旧坚持一贯的工作作风，事必躬亲，兢兢业业，整日埋头于日常的琐碎事务中。对一些重要又不太懂的事，他总是采取逃避的态度，非拖到不能再拖的时候，才动手去处理，结果却因时间仓促，常常草草了事。就这样过去了几个月，虽然他觉得自己已经非常努力了，但每天还是有做不完的工作，处理不完的事务，成绩也不尽如人意。

有一次老总安排了一项制度建设的工作给他，让他起草公司的人力资源管理制度，还为他准备了一些人力资源工具书。老总给了半个月的期限，希望他能认真准备一下。张毅一想半个月时间尚早，就没太在意，仍按部就班处理日常琐事：每天到店里点名，守在店里处理各种纠纷，就连业务谈判、客户回访这些应该本由下属去完成的事情，张毅也亲自过问，每天都像陀螺一样高速旋转。半个月后的一天，老总忽然打电话催要人力资源管理制度，张毅才忽然想起来。于是他打算晚上加班完成。可谁知这天正好是月底，盘点库存至深夜张毅才回到家中，挑灯夜战，一直熬到第二天早上才算完成。

老总拿着张毅匆促起草的文件，一边看一边不停地摇头。一次展示才华的机会，就这样被张毅错过了。他很快被调离了店长岗位，到一个不冷不热的岗位任职。

在工作中，许多人也和张毅一样，事无巨细，统统过问，结果造成了所有无关紧要的琐事都找上门来，使他们疲于应付，空耗和糟蹋了自己的才智、精神、体力。他们完全被琐事淹没，无法从纷繁的工作中解脱出来，集中精力去解决那些重要的、紧急的工作，结果事业的发展越来越糟。

一个人利用自己的精力，如同我们平时用水，一不小心就会浪费很多。如果你留心算一算每一天的时间和你的行程，你就不难发现，有三分之一左右的时间，你可能都在忙于一些琐事，例如洗脸、洗头、洗衣、吃饭、拖地等。对于一个普通的人来说，这些琐事可以在工作之余去做。但是对于一个渴望成功的人来说，他应该把每一分钟都花在最有效的地方。即便在 8 小时以外的时间里，他也不能被琐事纠缠，而应该付出比常人更多的工作时间。

能够时刻忙于要事，是一个人提高工作效能的关键。区别一个人工作效能高低的一个重要标准不是看他工作有多么努力，而是要看他能不能时刻忙于要事，是不是忙在点子上。

历史上几乎所有杰出的人物，他们在琐事上所花费的时间是极其少的。他们往往都倾向于做自己喜欢和认为重要的事，而其他事，能不做就不做，能推迟就推迟，实在非做不可的话，也要想个最简便的做法。而事实上，人类的许多发明创造都是源自这种"懒人"的想法。

居里夫人刚刚结婚的时候，家里的布置非常简朴。居里夫人的父母写信来说，想为他们买一套餐桌餐椅，作为结婚礼物，可以在邀请客人来家里吃饭时派上用场。但是，居里夫人很客气地写信回绝了。理由很简单：她和丈夫现在没有时间来请客吃饭，连会客的时间也没有，所以就没有设置餐桌餐椅的必要。况且有桌椅之后，还必须花时间每天清理灰尘，这样一来就会影响她的实验。

居里夫人以及许多成功人士正是将别人做琐事的时间利用起来，为完成自己的目标，减少不必要的琐事，使自己的时间价值发挥到最大的。

班尼斯说过："真正的领导人重视的是做正确的事情。"最聪明的人是那些对无足轻重的事情无动于衷的人。那些太专注于琐事的人通常会变得对大事无能。所以，一个人要成功，必须能不为琐事所缠，他应该用心分辨出什么是琐事，然后马上置之不理。

用心感言

　　假如一个人过于努力想把所有事都做好，他就不会把最重要的事做好。威廉·詹姆斯说过："明智的艺术就是清醒地知道该忽略什么的艺术。"不要被不重要的人和事过多打搅，因为成功的秘诀就是用心抓住你的事业不放。

学会分清工作的轻重缓急

美国的时间管理之父阿兰·拉金说过，"勤劳不定有好报，要学会聪明地工作"。也就是说，一个人只靠忙并不能保证取得好的结果。但在我们身边，整天忙忙碌碌而做着无用功，这样的人实在是太多了。他们最大的失败，就是根本抓不住重点，没有用心分清工作的轻重缓急。

有这样一个广为人知的故事：在一节课上，一位教授在桌子上放了一个装水的瓶子，然后又从桌子下面拿出一些正好可以从瓶子口放进瓶子里的鹅卵石。教授把石块放完后，问台下的学生："这瓶子是不是满的?"

"是!"所有学生异口同声地回答。

"真的吗?"教授笑着问。然后又从桌子底下拿出一袋碎石子，把碎石子从瓶子口倒进去，摇了摇，又倒进去一些，然后又问学生："你们说，这瓶子现在是不是满的?"这次，他的学生迟迟不敢回答。最后班上有位学生怯生生地回答道："也许没满。"

"很好!"教授说完后，又从桌子下面拿出一袋沙子，慢慢地倒进瓶子里。

倒完以后，再次问班上的学生："现在你们再告诉我，这个瓶子是满的，还是没有满?"

"没有满。"全班同学这次都变聪明了，大家很有信心地回答。

"好极了!"教授称赞道。随后，他又从桌子底下拿出一大瓶水，把水倒进看起来已经被鹅卵石、小碎石、沙子填满的瓶子，意味深长地问："你们从上面这些事情中可以得出什么样的重要结论呢?"

一阵沉默之后，终于有一位学生站起来回答说："无论我们把工作做到何种程度了，只要我们努力，就还可以做得更好一些。"

教授听到这样的回答后，点了点头，微笑着说："答案不错，但这并不是我要告诉你们的。"说到这里，这位教授用眼睛向全班同学扫视了一遍，然后才慢慢说："我想告诉各位的是，如果你不先将大的鹅卵石放进瓶子里去，也许以后你就永远没有机会把它们放进去了。"

故事的道理简单而深刻：如果一个人把自己的精力放在一些不重要和无意义的事情上，那么他就没有时间去做重要的事情了。这也是很多人总是忙得团团转，但是工作还是不见成效的重要原因。

大多数人都会制订日程表，但有的人是根据事情的紧迫感，而不是事情的重要程度来安排先后顺序的，这是一种低效的工作方式，往往会让人陷入被动。而成功人士在确定了应该做哪几件事之后，会分清它们的轻重缓急，把重要的事排在前面，然后才开始行动。他们一般按照这样的秩序工作：①重要的而且紧迫的事。②重要的但不紧迫的事。③紧迫的但不重要的事。④不重要也不紧迫的事。

大多数成功人士都实践着这个方法。比如，效率专家、哈佛大学的教授米契尔·柯达博士。多年前，他总是在焦躁和恼怒的情绪中开始每天的工作。来到办公室，桌子上已是一片信海，电话铃在响，人们排着队等待会见。等到11点钟，他已被搞得过度紧张，筋疲力尽了，拼命工作了两个小时，却一件事也没做成。

最后他决定，在每天一开始就尝试先完成重要的事，不管它是多么艰难。他决定先利用第一个小时回复信件，不接电话，也不见任何人。他把这些来信视为工作的一个独立部分，重要且只能在有限的时间内做好。当他读完信，并做了回复，他便会如释重负般地呼出一口气，再继续接电话或会谈等工作。

《世界主义者》的编辑海伦·格利·布朗，随时会在桌上放着一本自己编的杂志。每当她受到利诱，想浪费时间去做与《世界主义者》无关的事情时，看一眼那本杂志就可以帮她回到正轨。布朗说："你可能非常努力工作，甚至因此在一天结束后感到沾沾自喜，但是除非你知道事情的先后顺序，否则你可能比开始工作时距离你的目标更远。"

这个方法，更是曾经让伯利恒钢铁公司总裁查理斯·舒瓦普赚下巨大的财富，也让效率专家艾维·利发了一笔小财。

有一次，舒瓦普约见艾维·利，请教如何能把他的钢铁公司管理得更好。舒瓦普承认，他自己懂得如何管理，但事实上公司不尽如人意。舒瓦普对利说："如果你能告诉我们如何更好地执行计划，我听你的，在合理范围之内价钱由你定。"

利说自己有一个建议，把舒瓦普的公司的业绩提高至少50%。然后他递给舒瓦普一张空白纸，说："在这张纸上写下你明天要做的6件最重要的事，并用数字标明每件事情对于你和你的公司的重要性次序。"

舒瓦普照办了。利接着说："现在把这张纸放进口袋。明天早上第一件事是把纸条拿出来，做第一项。不要看其他的，只看第一项。着手办第一件事，直到完成为止。然后用同样方法对待第二项、第三项……直到你下班为止。如果你只做完第五件事，那不要紧。你总是做着最重要的事情。"

利又强调说："每一天都要这样做。你对这种方法的价值深信不疑之后，叫你公司的人也这样干。这个试验你爱做多久就做多久，然后给我寄支票来，你认为值多少就给我多少。"

几个星期之后，舒瓦普给艾维·利寄去一张2.5万元的支票，还有一封热情洋溢的感谢信。舒瓦普在信上说，那是他一生中最有价值的一课。5年之后，伯利恒钢铁公司由不为人知的小钢铁公司一跃而成为世界上最大的独立钢铁公司，利提出的方法功不可没。据估计，这个方法为查理斯·舒瓦普赚了1亿美元。

舒瓦普的成功，不在于他拥有了更多的精力和时间，而在于他把精力和时间用在了最需要的地方。

时间并不能直接为你带来成功，只有正确的行动才能为你带来成功。一个人只知道忙而不用心分清重点，最后只能是把时间和精力都赔光。

要苦劳，更要功劳

经常听到这样的抱怨："我每天都辛苦工作，没有功劳也有苦劳，为什么拿钱这么少？为什么职位还这么低？"这种怨言，说明有的人仍然没有意识到这个道理：工作是一种价值的创造，不能产生价值和效益的工作，就算你忙破了头，也不能称之为工作。所以，没有功劳，再多的苦劳也无济于事。

在工作中，你可能和客户进行了一次沟通交流，写完了一个项目方案，进行了一次异地出差，等等。可是，如果你在与客户的沟通中并没有了解客户的需求，你的项目方案并没有解决客户面临的业务问题，你付出的努力也没有完成打开当地市场的目标的计划，那么你就是只有苦劳而没有功劳。你的工作量是没问题，可是你却没有把心用在工作效果上。这种没有得到结果的所谓苦劳，只能是浪费资源。

在当今社会，文凭再高、工作再努力，如果没有工作效益，一切都将是空谈。试想，一个公司的全体员工都非常勤奋非常卖力，但最终产品销售不出去，无从盈利，公司将如何生存？

所以，"没有功劳也有苦劳"这句话，只能用来自我安慰，却不能打动你的老板，更不可能改善你的状况。公司不是慈善机构，老板也不是慈善家，最主要目的还是获得利润，把生意越做越大。因此，再有耐心的老板也绝难容忍一个长期只有"苦劳"的员工。如果你只是勤奋，却总无业绩可言，那么你的待遇也永远不会有什么起色。

古罗马皇帝哈德良手下有一位将军，跟随他长年征战。有一次，这位将军觉得自己应该得到提升，便对皇帝说："我应该升到更重要的位置，因为我的经验丰富，参加过 10 次重要战役。"

哈德良皇帝是一个对人才有着高明判断力的人，他并不认为这位将军有能力担任更高的职务。于是，他随意指着拴在周围的战驴说："亲爱的将军，好好看看这些驴子，它们至少参加过 20 次战役，可它们仍然是驴子。"

其实，公司和企业也一样，它们需要的是能够解决问题？有工作效益的员工，而不是那些曾经只有过苦劳，却缺乏效率和效益的员工。

20 世纪 90 年代中期，各类绘图软件开始深入建筑、家私、五金等企业。有一位年轻人很快接受了这一新兴事物，并且运用到了工作中去。特别是在绘图计算方面，这类软件更是有着独特的优势。有一位工程师因循守旧，手工绘图计算特别在行，并且习惯了手工绘制图纸，结果他废寝忘食、没日没夜用了一个星期才绘制出来的设计图，年轻人利用绘图软件只花了半天的时间就给绘制出来了。同样一份工作，同样一个结果，一个人用了一个星期，一个人才用了半天。相比之下，如果你是老板，你会更看重哪一个呢？答案一目了然。

苦劳固然重要，但功劳才是业绩与能力的最佳体现。一个成功的企业背后，必然有一群能力卓越且业绩突出的员工。没有这些成功的员工，企业的辉煌事业就无法继续下去。所以，企业看重苦劳，更看重功劳。

某座城市早年有十多家大型国有企业，但如今除了一个轴承厂以外，其他的企业都纷纷倒闭了。这家轴承厂不但生存下来，并且发展得非常不错，根本原因就在于它提倡了一种"没有功劳就没资格谈苦劳"的观念。

这个轴承厂发工资，是根据每个工人给工厂带来的利润而发的，也就是说，唯一的依据是"功劳"。有意思的是，有的工人忙乱了一个月，一分钱工资没拿，竟然还得倒贴给工厂几十或者几百元。但这种看似荒唐的制度，却让每个人心服口服，没有任何人有异议。

原来，轴承厂从外地购买半成品，也就是轴承坯子，然后经过多道工序生产出成品。一般的轴承坯子是好几块钱一个，经过一道道工序后，变成合格的产品，就能在市场上卖十多元。但是，如果哪个工人的某道工序出了问题，那么，这个半成品一下子就变成了废品。几元钱买的半成品，现在只能以废钢价格卖个一两毛钱！这样的损失，是需要当事工人按百分比赔偿的。同样的轴承坯子，经过别人的加工，就增值，就能给工厂带来利润，在自己的手中却贬值，给工厂带来了损失。看着是同样的"苦劳"，但是，一正一反，对工厂的贡献差别却那么大，出差错的工人很理解，自觉地接受罚款。

把半成品做成了废品，在这个轴承厂内俗称干"废物活"，工人们都以手中不小心出"废物活"而感到羞耻，所以，工作的时候特别小心，技术上也是要求自己精益求精。因此，这个轴承厂的产品质量越来越好，在市场上非常畅销。

"没有功劳也有苦劳"，无异于承认低效率；而"没有功劳就没有资格谈苦劳"，表面看好像比较冷漠比较缺乏人情味，但却是一种高效务实的态度。在这种管理方式下，工人们不但努力工作，而且用心追求质量，产品不但在数量上有保证，在质量上更有保证。于是，工厂取得了可观的效益，工人也取得了公平可观的薪酬。

用心感言

在工作中，我们付出苦劳，更要用心追求功劳。如果你在工作的每一阶段，总能找出更有效率、更经济的办事方法，你就能提升自己在老板心目中的地位。你将会被提拔，会长久地被委以重任。因为出色的业绩已使你变成一位不可取代的重要人物。

用心捕捉灵感和机会

爱因斯坦说，天才就是 1% 的灵感加上 99% 的汗水，但那 1% 的灵感是最重要的。我们也都知道，灵感能够产生机会，而机会能给我们带来成功和财富。但问题是，灵感看不见也摸不着，我们该怎样去发现和抓住那 1% 的灵感呢？

有一个实验会对你有所启发。有一位教授拿出一只装满了沙子的大纸盒，一边展示给学生们看，一边说："这些沙子里掺杂着铁屑，请问你们能不能用眼睛和手指从中间把铁屑挑出来？"大家都摇了摇头。

"我们无法用眼睛和手指从一堆沙子中间找到铁屑，然而，有一种工具能帮助我们迅速地从沙子中间找到铁屑。大家可能都想到了，这种工具就是磁铁。"

教授从包里掏出一块磁铁，把它放在沙子里搅动着，在磁铁的周围很快地聚集了铁屑。教授把那一团铁屑举给同学们看，说道："这就是磁铁的魔力，我们用手和眼睛无法做到的事，它却能够轻而易举地做得很好。"

这个实验说明了什么呢？那堆沙子就是你枯燥平淡的生活和工作，沙子中的铁屑就是生活中的一点点灵感和机会，而那块磁铁，就是你的心。要从生活和工作中发现成功的机会，靠的不是你的手和眼睛，而是你的心。只有用心，你才能像磁铁吸出铁屑一样，发现和捕捉到成功的灵感和机会。

1947 年，在美国的密歇根州，有个叫爱德华·洛厄的年轻人正帮着他的父亲做木屑生意。有一位邻居跑进来，想向他们要一些木屑，因为她的猫房里的沙包给冻住了，她想换一些木屑铺上去。洛厄从一只旧箱子里拿出一袋风干了的黏土颗粒，建议对方试试这玩意儿，因为这种材料的吸附能力特强，他们就是采用这种材料清除油渍的。

几天以后，这位邻居又来了，她想再要一些这样的黏土颗粒。这时，洛厄突然意识到自己的机会来了。他马上又弄了一些黏土颗粒，分五磅一装，总共装了10袋。他把自己的新产品命名为"猫房铺"，打算以每份65美分的价格卖出去。但是，大家都笑他想发财想疯了，因为一般铺猫房用的沙子才多少钱一斤呀？

但出人意料的是，洛厄的10份黏土很快卖完了。而且，那10个用户还再次找上门来，指名道姓要买"猫房铺"。一笔生意，一种品牌就这样创始了。你能想象吗？仅仅在1995年洛厄去世前的两三年时间内，"猫房铺"的销售价值就达到了两亿美元。也正是洛厄的发明所带来的生存条件的改善，最终使猫取代狗成为美国最受欢迎的宠物。

普普通通的黏土颗粒，却能带来亿万的生意，简直是天上掉金子的好事。但为什么金子只"砸"在了洛厄的头上呢？因为只有他肯用心，所以才抓住了灵感和成功的机会。

捕捉灵感，从灵感中寻求机会，是许多创业者成功的灵丹妙药。有一个普通的大学毕业生，因为没关系没背景，只能待在一家远洋轮船公司干一份又苦又累的维修工作。但由于肯用心，他一次又一次地抓住机会，改变了自己的人生。

他所在的远洋轮船公司经常出海。有一次，船停在了美国的佛州港湾。那时候，当地的美国人还不太喜欢吃鲜贝，因而捕鱼的船往往留下鱼后，就把那些一起捕捞上来的超大号的鲜贝扔掉。可他知道，那样大的鲜贝在广州简直可以卖出天价，是极品海鲜！于是，他强压住激动的心情，说服了那些渔民让他把鲜贝带回广州。

一大船的免费鲜贝运回后，当天就被抢购一空。捧着那白花花的钞票，他哭了，就因为这一次特别的"留心"，他赚到了人生第一桶金，而且没费一分一毫的本钱。

后来，远洋轮船公司的船只又航行到了墨西哥某个港湾。那个港湾盛产海马，但他惊奇地发现，当地人并不知这在中国被称为"保健神药"的海马的价值。小孩子们从水桶里捞出海马，当玩具互相丢着！

于是，他又意识到机会来了。他给了那些孩子一些零食，让他们把海马晒干了给他。一大批干海马运回国内，他又赚了一大笔。而这次，更让他意识到，只要多多留心，发财的机会就在眼前。

又有一天，他的船只航行到了非洲的一个港口。他和船员们下船后，坐在一棵树下休息。忽然一阵微风吹过，一种红色的树籽"噼噼啪啪"地被吹落到地上。他仔细观察这些红豆，玲珑剔透，红润可爱，全是心形。忽然他想到，这些树籽，不就是非洲的相思豆吗？它们比中国的相思豆——红豆更加神似，因为他们都是心形的！

想到这里，他找来了一位当地人，问他收集几麻袋红豆需要多少报酬。那黑人用奇怪的眼光看着他，摇头，那意思是说，这不过是些没人要的树籽，你问它干吗？见他执意要，黑人就说几袋面粉吧，他马上找人来收集。

红豆运到国内，果然不出所料，受到恋爱中的人热烈欢迎。他将这些红豆做成了手工艺品，更是卖了个好价钱。也就是这一次，让他拥有了上千万的身家。他决定不再随船出海，四处漂泊，而是移民到了美国，在中国人不多的佛州扎根下来，做餐馆和房地产的生意。

他没有和其他中国人一样开中餐馆，而是开了家日本铁板烧。他说，这是一个亚洲人很少的地方，他的餐馆只能走高档路线，以低成本高价格的经营策略，方能成为当地名人经常光顾的名餐馆。

他叫张永年，一个看上去普普通通的美籍华人。如今，他在美国已拥有七家餐饮连锁店。

很多时候，成功是意想不到的，因为你无法预料什么时候会灵光一闪，有了千载难逢的机会；但实际上，成功又是意料之中的，因为只要随时用心，保持你对信息的敏感度，你就能把一时的灵感转变为自己的机会。

　　有句话说得好：心在哪里，你的财富就在哪里。只要你用心投入事业，专注于每一个可能有用的信息，你就能抓住每一个灵感，让你的人生走向成功。

学会有效的选择和放弃

　　诺贝尔奖得主莱纳斯·波林说："一个好的研究者知道应该发挥哪些构想，而哪些构想应该丢弃，否则，会浪费很多时间在差劲的构想上。"有些事情，你虽然付出了很大的努力，但没有任何结果，而且也看不到有任何成功的可能。这时候，最明智的办法就是抽身退出，另外寻找成功的机会。

　　牛顿早年就是永动机的追随者。在经历了大量的实验失败之后，他明智地放弃了对永动机的研究，在力学研究中投入了更大的精力。最终，牛顿取得了令世人瞩目的成果。

　　有一个人，从上小学开始就是一个优秀的学生，各主课成绩都名列前茅，唯独手工课很差。他不服气，决心好好表现一次，将老师布置的用泥巴捏鸡的课外作业做到最好。他精心挑选一把土，捣弄半天，得意地将捏好的泥模给母亲看。母亲说："你做得真不错，这是一段藕吗？"他非常郁闷，解释是鸡。他又继续卖力地捏，直到深夜 12 点，那团泥在他手中还只是略显出鸡形，母亲劝道："孩子，你从小是左撇子，是我费了很大功夫才纠正过来的。你能捏出鸡已经很不容易了，何必非要靠它来赢得夸奖呢？"他失落地钻进被窝，偷偷掉眼泪，此后再没动过在手工课上争第一的念头。

　　青年时期，他立志成为实验物理学家，赴美留学时决心写出一篇有影响的实验论文。他进入芝加哥大学物理系，跟随艾里逊教授做加速器实

验。在近 20 个月里，他的实验做得非常不顺，问题不断，常发生爆炸事故，以至于同学们取笑：哪里炸得乒乓作响，哪里准有他。他不得不痛苦地承认，自己的动手能力确实比别人差！

但美国氢弹之父泰勒博士一直关注他，并主动找到他说："为何你非要选择写一篇实验论文呢？我看过你写的理论文章，建议你把它充实修改成博士论文，我可以做你的导师。"听到此话，他陷入了沉思。儿时的经历浮现出脑海，他理智地接受了现实：动手能力从小就是弱项，自己是不可能靠做实验出类拔萃的。他接受泰勒的建议，果断地把研究方向转到理论物理。1957 年，他成为诺贝尔物理学奖得主。

他，就是著名华裔科学家杨振宁。杨振宁后来在谈到自己的成功时说："人各有所长，亦有所短，所以理性地选择放弃，也是一种智慧。"

在工作中，做事坚持到底、从不轻言放弃是一种可敬的品质，比如前文曾提到的齐藤竹之助，往同一位顾客那儿跑了 300 余回，终于完成了销售，可谓"不抛弃，不放弃"的典范。但万事不可一概而论，选择什么样的行为，要看具体情况而定。像齐藤竹之助那样的坚持，并非在任何情况下对任何人都合适。有的时候，坚持某些事情不放，未必是一件好事，还可能是一种固执；同时，放弃也未必是一种怯弱的行为，而是一种明智的选择。

比如同为保险推销员，有一个人的成功秘诀与齐藤竹之助恰恰相反，他选择的是另一种办法：放弃。

他叫马克，是美国一家小镇上的保险推销员。他工作非常努力，每天天没有亮就出门，挨家挨户地去推销保险；晚上人们都下班了，马克依然在推销保险。可是就是这样的努力工作，马克的收入也只够勉强糊口。

马克很郁闷：是不是自己工作不够努力？可是每天已经是早出晚归了，就是中间也很少休息呀。那么是不是还有别的原因？一天，因为下着大雨，所以马克没有出去工作，而是在家静静地思考。他看着自己的工作记录，突然像是发现了什么，于是拿过了纸和笔，然后开始在算着什么。一个小时后，马克露出了满意的笑容，放心地去睡觉了。

第二天，马克并没有像往常一样起个大早，而是像普通的上班族一样8点多去上班，马克又开始了自己挨家挨户推销保险的工作。晚上6点刚过，马克就下班了，而这个时候有些公司的员工还没有下班呢！

马克就这样按时上班，按时下班，马克的妻子却很担心，丈夫以前每天起早贪黑地工作，生活依然很穷困，现在丈夫这么早下班，那生活不是更没有保障了吗？但一个月过去了，马克把自己一个月的薪水拿回家，让马克妻子感到不可思议的是，这个月的薪水竟然是平时的两倍还要多！

以后的日子，马克都是像第一个月一样，晚出早归，可是到第二个月的月底，马克拿回来的薪水竟然是以前的三倍。同时，马克还成了这一季度的销售冠军。

马克的妻子大惑不解，一定要马克告诉她其中的原因。马克只好向妻子解释道，在那天晚上他在自己的工作记录中发现，第一次和他签订保险合同的客户占75%，而第二次签订保险合同的客户占20%，第三次签订保险合同的客户占5%。可是，他花在和第三次签订合同的客户身上的时间却一点也不比第一次和第二次签订合同的时间少。

于是，马克明白了自己为什么这么努力却没有大的收获，那是因为自己把近一半的时间浪费在了那5%的客户身上。也就是从那天起，马克只注重于挖掘新客户，而放弃了那些需要第三次拜访的客户。果然，马克的改变使他的销售成绩有了大幅度的提升。

放弃那5%的客户，却换来了更多的客户，这就是马克的销售秘诀。毕竟，人的精力是有限的，必须有取有舍。不舍得放弃的结果，可能就是被迫放弃，而且还可能是全面放弃。

用心感言

　　生活要求我们积极进取，也要求我们学会接受现实；要求我们在一些事情上坚持，也要求我们在另一些事情上放弃。放弃，如果是经过用心思考和正确判断之后做出的选择，那就必须舍得放弃。

不在一条道上走到黑

会骑自行车的人应该都有这样的经验：学骑自行车时，摔跤是难免的，而摔跤最多的要数拐弯的时候，因为拐弯时最容易倒下来。不过，一旦学会了拐弯，骑起车来就灵活自如了。其实，不只是骑自行车需要学会拐弯，我们的人生和工作同样需要学会拐弯。

马嘉鱼是一种银色的海鱼，长着燕子一样的尾巴，眼睛又圆又亮。它们平时生活在深海中，春夏之交会溯流而上，随着海潮漂游到浅海去产卵。渔人捕捉马嘉鱼的方法很简单：用一个孔目粗疏的竹帘，在竹帘的下端系上铁块，放入水中，用两只小艇拖着，拦截鱼群。这种捕鱼方法听起来很可笑，因为除非所有的马嘉鱼都瞎了眼睛自己往上撞，否则休想逮到它们。然而事实告诉人们，这才是最有效的方法。因为这种马嘉鱼有一种独特的"性格"，就是不爱转弯，总是一往无前，所以一只只前赴后继地陷入竹帘孔中。即使在这时它们也不会停止，更加拼命往前冲，结果被竹帘牢牢地卡死，为渔人所获。

在我们的工作中，有些人就像马嘉鱼一样，头撞南墙也不懂得回头，一条路走到黑。他们在前途不明朗的情况下，在身处劣势的情况下，或者在有更好的机遇出现的时候，却不知适时调整自己的定位，做出新的选择，结果陷入失败的深渊不能自拔。这样的人，缺乏一种开放的心态，与其说是努力执著，不如说是固执死板。

诚然，执著是成功者不可或缺的品质，一个人需要执著的精神，但同时我们也要懂得变通，懂得在适当的时候拐弯。成功者时刻都处在变通之中，他们在人生的每一个关键时刻，都能用心反省并做出审慎的判断，从而选择正确的方向。

有一个非常干练的推销员，他的年薪有六位数字。但很少有人知道他是历史系毕业的，在干推销员之前还教过书。

这位成功的推销员这样回忆他以前的道路："事实上我是个很没趣的老师。由于我的课很沉闷，学生个个都坐不住，所以，我讲什么他们都听不进去。我之所以是没趣的老师，是因为我已厌烦教书生涯，这种厌烦感不知不觉中也影响到学生的情绪。最后，校方终于不与我续约了，理由是我与学生无法沟通，我是被校方免职的。当时，我非常气愤，所以痛下决心，走出校园去闯一番事业。就这样，我才找到推销员这份胜任并且愉快的工作。"

"真是'塞翁失马，焉知非福'。如果我不被解聘，也就不会振作起来！我是很懒散的人，整天都病恹恹的。校方的解聘正好惊醒了我的懒散之梦。因此，我还是很庆幸自己当时被人家解雇了。要是没有这番挫折，我也不可能奋发图强，闯出今天这个局面。"

坚持是一种良好的品性，但在有些事上，过度的坚持，会导致更大的浪费，这就要求我们学会灵活变通。这位推销员正是及时地修改了自己的人生目标，才最终取得了今日辉煌的成绩。

不论你是企业的管理者还是一名普通员工，都需要拥有一个开放式的头脑，并时时与自身固执的心态作斗争。任何墨守成规的人，或固执己见的人，都无法成为一个持续经营自己事业的成功者。

比尔·盖茨最宝贵的财富不是他的亿万家产，而是他的开放式的头脑，这也正是造就他的成功的人格特质之一。能说明这一点的最好例证，就是微软公司在网络时代的战略转型。

在1993年，比尔·盖茨就以70亿美元的个人财富荣登福布斯世界富豪排行榜榜首。到1995年时，微软公司更是以操作系统和软件雄霸个人计算机市场。但当时比尔·盖茨几乎犯了一个致命的错误，那就是他没有及时地意识到，网络的加入将使整个信息技术产业和全球经济发生全面性的变革。但由于他随时保持对周围世界的敏锐度，并及时听取别人的意见，使他改变了自己的看法，适时调整了微软公司接下来的经营策略。

在 20 世纪 90 年代初，当网络奇迹般地由个人通信摇身一变而成为全球性的通信与计算机媒介之时，比尔·盖茨的微软公司正扩张得十分迅速，销售额较之前增长了两倍，达到 38 亿美元，员工也由 1990 年的 5600 人增至 1993 年的 1.44 万人。这主要归功于 Windows 操作系统软件的研发成功。

到了 1993 年，技术方面的先驱者发现了全球信息网（简称 WWW 或 Web），它可以让你在网络上轻松地显示图表和照片。更为重要的是，你只需用鼠标在某个地方轻轻一点，全球信息网就可以让你在网络窗口间跳来跳去。然而，在当时的微软公司和比尔·盖茨看来，全球信息网不过是个普通的新鲜玩意儿罢了。因此微软公司对全球信息网的一系列公开活动，一直不动声色。

直到 1995 年秋，全球信息网迅猛发展，并对微软公司造成了威胁，已有约 2000 万人不用微软公司的软件而沉迷于网络。更糟的是，在太阳微系统公司所开发的一种新程序语言的推动下，全球信息网作为一种新式的平台正在崛起。这对 Windows 在个人计算机上的霸权地位，以及整个个人计算机时代都构成了威胁。

比尔·盖茨终于坐不住了。1995 年 12 月，他举行了一次大型活动，表明微软公司打算全面参与并赢得这场网络时代的软件大战。微软公司将生产网络浏览器、网络服务器，并对微软公司现有的程序进行网络化。从那时起，微软公司总部的每个部门都进入了网际网络的时代。在这个有着 35 座建筑物的信息王国里，每个角落都进行着网络项目的开发工作。比尔·盖茨说："目前，网络对我们来说最为重要，它将带动一切，我们希望我们的软件个个都是市场的主产品。"

为什么比尔·盖茨这么快就醒悟了？就是因为比尔·盖茨有一个开放式的头脑。如果当时比尔·盖茨固执己见，那么可能真的就会出现这样的问题——微软公司可能会因网络的挑战而经营不善。但是比尔·盖茨没有给其他对手打败他的机会，他根据信息技术的最新发展，及时调整了自己的领导思维，从而开创了微软的新局面。

　　变通是一种清醒的舍弃和理智的选择，因为只有"变"，才能"通"。我们身处一个多变的时代、多变的世界，处处都是岔路口，有时不免令人彷徨，有时更不幸走上一条不适合自己的路。这时候，我们就需要用心对过去重新思考一下，从不适合走的路上拐回来，重新走一条更宽更广阔的道路。

学会应对意想不到的局面

　　俗话说："计划赶不上变化。"在我们的工作中，预测再精确，计划再完备，也难免会有突发事件和偶发事件的发生，出现让人意想不到的局面。这时，就是最能考验一个人素质的时刻。你是不是有应变能力，就在这时昭然若揭。

　　在竞争激烈的社会和市场里，那些平时不用心工作，遇到意外情况就手忙脚乱、无所适从的人，最容易被无情地淘汰。而那些死板固执，撞得头破血流也不知随机应变的人，也不会有成功的希望。

　　"世界旅行社之父"托马斯·库克曾在他的日记里记录了这样一次令他百思不得其解的"奇遇"：

　　当时，库克正率领船队航行到大西洋的一片海域。浩瀚无垠的海面上空出现了庞大的鸟群，数以万计的海鸟在天空中久久地盘旋，并不断地发出撕心裂肺的绝望鸣叫。更奇怪的是，鸟群在耗尽了全部体力之后，竟然义无反顾地投入茫茫大海之中！

　　鸟类学家们对这种现象感到十分惊讶。他们在长期的研究中发现，来自不同方向的许多种候鸟，都会在大西洋中的这一海域盘旋、鸣叫、自杀，但花了很长时间也没有搞清楚原因何在。

到了20世纪中期，这个谜团终于被解开了。原来在很久以前，在海鸟们葬身的海域，曾经有一个小岛。对于来自世界各地的候鸟们来说，这个小岛是它们迁徙途中的一个落脚点，一个在茫茫大海中不可缺少的"安全岛"。然而，在一次强烈的地震中，这个无名小岛沉入了大海，永远地从海面上消失了。可迁徙途中的候鸟们，仍然按照祖祖辈辈形成的习惯，一如既往地飞到这里来落脚。但在一望无际的大海上，它们却再也无法找到寄予希望的那个小岛了。早已筋疲力尽的候鸟们，只能无奈地在"安全岛"的上空盘旋、鸣叫。

当它们终于彻底绝望的时候，当它们全身最后一点力气已经耗费殆尽的时候，它们只能将自己的身躯投入茫茫大海。

面对意料之外的灾难，如果不知用心变通，结果就是死路一条。无论是在自然界，还是在人类社会，都是如此。既然我们难以杜绝意外的发生，那么我们必须具备应对各种意外的心态和能力。

有一个果园突然遭到了冰雹的袭击，即将采摘的苹果被打得惨不忍睹。显然，把这样的苹果运往远在外地的包销商，包销商肯定要退货索赔。但是，如不能按合同保质保量地供货，果园的主人肯定也要赔钱。

好在聪明的主人从容冷静。他急中生智，在每一只包装箱内都放进了一封同样的短信，上面写着："尊敬的顾客，请您务必留意一下，我们乃是来自高原的苹果，其标志就是我们脸上的这些小小的疤痕。千万别低估这些疤痕，这可是难得的上帝的恩赐——高原的气候瞬间万变，就在我们的主人收获我们的时候，恰好来了场热闹的冰雹，把高原特有的风貌印在我们的脸上——这意味着吉祥，因为，正是这些小小的疤痕在理直气壮地证明着我们的身份：我们绝非假冒，我们绝对正宗，不信您尝尝，保证特甜！"

后来的事实证明，正因有了这封妙语联珠的信，那些有疤痕的苹果在市场上卖得飞快，甚至供不应求。果园主人在意外面前表现了杰出的应变

137

能力，巧妙地利用一场自然灾害来宣传产品的"正宗"身份，结果把危机变成了良机。

一个面临危机的企业，最需要的就是那种能灵活应变的人才。有这样一个事例：1999年11月，美国104人力银行被媒体错误报道，蒙受了不白之冤。当天中午银行员工听到了这项不实消息，下午4点即召开记者会澄清，并上了当天晚上许多电视新闻的头条。因此104人力银行不但没有受到影响，反而成为媒体聚光的焦点。这便是一个化危机为转机的例子。

在这个例子中，104银行能在4小时内召开记者会，并吸引国内八家电视台及各大媒体到会，半天之内即澄清谣言，进而强化了公司形象，就得益于其员工卓越的应变能力。

用心感言

一个用心做事的人，不仅有能力掌控平时的工作计划，更有能力应对意外情况的发生。对于一个企业而言，员工如果拥有灵活的应变能力，在出现不利的意外局面时就能扭转劣势，解除公司可能面临的危机。因此，这种能力必然会成为企业重视的特质之一。

做时间管理的高手

不论在哪里，不好好工作、只知道浪费时间的员工都是最不受欢迎的。有一家大公司的老总就曾说过："我不喜欢看见报纸、杂志和闲书在办公时间出现在员工的办公桌上。我认为这样做表明他并不把公司的事情当回事，他只是在混日子。如果你暂时没事可做，为什么不去帮助那些需要帮助的同事呢？"

不过，那些从早忙到晚，还经常加班加点的员工，也不一定是用心工作的员工。表面上看，他们好像很努力，每一分钟都用在工作上，但事实上，他们的工作绩效并不突出，因为他们每天都在"瞎忙"，没有有效地利用时间。

真正用心工作的人绝对不是"瞎忙"，而是高效率地利用时间，使每一分、每一秒都产生最大的效益。他们永远准时，从不忘记要办的事情；总是能够按事先计划的步骤，如期甚至提前完成工作；每件工作都完成得很完美，且总是轻松无比。他们并没有超出常人的能力，他们只是懂得时间管理的技巧与方法。

美国麻省理工学院对3000名经理做了调查研究，发现凡是优秀的经理都能做到精于安排时间，使时间的浪费减少到最低限度。美国一大公司的董事长莱福林就是一个有效利用时间的能手。他每天清晨6点之前准时来到办公室，先是默读15分钟经营管理哲学的书籍，然后便全神贯注地思考本年度内必须完成的重要工作，以及所需采取的措施和必要的制度。接着开始考虑一周的工作，这是一项十分重要的工作。他把本周内所要做的事情一一列在黑板上。之后就在去餐厅与秘书一起喝咖啡时，把这些考虑好的事情——小至员工的孩子入托，大到公司的大政方针和计划——几乎他认为重要的事情都一起商量一番，然后做出决定，由秘书具体操办。莱福林的时间管理法，极大地提高了自己的工作效率，推动了企业整体绩效的提高。

美国的一位保险人员自创了一个"一分钟守则"。他要求客户们仅给他一分钟的时间，让他介绍自己的服务项目，若一分钟到了，他便会自动停止自己的话题，并感谢对方给予他一分钟的宝贵时间。"一分钟到了，我说完了！"这是他在工作时，最常说的一句话。由于他遵守自己的"一分钟守则"，所以他在自己一天的时间经营中，工作效率几乎和业绩成正比。

管理学大师德鲁克说："认识你的时间，是每个人只要肯做就能做到的，这是一个人走向成功的有效的自由之路。"根据许多成功人士的实践经验，时间管理专家们总结了许多驾驭时间、提高效率的方法，这里列出几个以供参考。

用心规划时间。要确定事情的优先次序，按事情的重要程度来安排时间。要把自己有限的时间集中在处理最重要的事情上，切忌每样工作都抓，要学会放弃不必要的事、次要的事。

特别要注意利用好 80/20 原则，也就把精力用在最见成效的地方。美国企业家威廉·穆尔在为格利登公司销售油漆时，头一个月仅挣了 160 美元。他仔细分析了自己的销售图表，发现他的 80% 收益来自 20% 的客户，但是他却对所有的客户花费了同样的时间。于是，他要求把他最不活跃的 36 个客户重新分派给其他销售员，而自己则把精力集中到最有希望的客户上。不久，他一个月就赚到了 1000 美元。穆尔从未放弃这一原则，这使他最终成为了凯利·穆尔油漆公司的主席。

集中精力，提高效率。要善于用一整段的时间来做重要的事，一气呵成，一次处理完成，才不会浪费时间；工作中断时，要有"回去工作"的驱动力，不要每件事都只做一半而无结果；要坐正挺胸，振作精神，如此效率自然会提高。

学会利用零散时间。许多人都把生活中的零散时间不当做时间，被无谓地浪费了。其实这些时间虽短，但却可以充分利用起来做一些事情。比如等车的时间可以用来思考下一步的工作计划，翻翻报纸，读一会儿书等。有人习惯于在衣袋里或手提包里经常携带一些东西，如图书、笔和小记事本，这样就可以在排队、候机、乘公交车上下班时，不会无所事事地空耗时间了。把有限的时间充分加以管理和利用，你就能积少成多地得到你所需要的长时间。

成功人士善于把任何一个零散时间都利用起来。据说国外有一位首相就是利用如厕时间学习英语的。他每次从英语词典上撕下一页，然后进厕所。上完厕所，这一页也读完、记住了，于是把这一页送入下水道。他就是这样学完了一大本英语词典。

善于利用业余时间。爱因斯坦说："人的差异在于业余时间，业余时间生产着人才，也生产着懒汉、酒鬼、牌迷、赌徒。"凡在事业上有所成就的人，都有一个成功的诀窍：变"闲暇"为"不闲"，也就是不偷清闲，不贪逸趣。爱因斯坦曾组织过享有盛名的"奥林比亚科学院"，每晚例会，与会者总是手捧茶杯，边饮茶，边议论，后来相继问世的各种科学创见，有不少产生于饮茶之余。

英国数学家科尔在数学领域取得了出类拔萃的成果，成功破解了一道旷世难题。有人问科尔："您论证这个课题前后共花了多少时间？"科尔回答："三年内的全部星期天。"正是"星期天"这个人人皆有的业余时间，被科尔充分利用起来，从而取得卓越的成就。

法国作家拉布吕耶尔说："最不好好利用时间的人，最会抱怨它的短暂。"所以如果你总是抱怨你的时间太短，那只能说明你的效率太低了。你应该更加用心地工作，参考一下以上几种方法，学会高效率地把时间牢牢控制在自己手里，成为善于管理时间的成功人士。

用心感言

你无法挽留时间，却可以经营和管理时间。只要你肯用心做事，就能成为经营时间高效工作的人，从而走上卓越之路。

第 五 章

认真能做到"可能"，用心能消灭"不可能"

世上无难事，只怕用心人

一个做事认真的人，要有所成就并不难，因为他可以做到世上任何一切"可能"的事。但如果他想向"不可能"挑战，取得顶尖而罕见的成就，他还必须用心全力以赴，将自己的潜能发挥到极致。

汤姆·邓普西是一位杰出的橄榄球选手。他是一个认真做事的人，但认真还不足以让他变得杰出，他还需要投入比一般人更多的热情和努力，因为他生下来的时候，只有半只脚和一只畸形的右手。

邓普西从来不会因为自己的残疾而感到不安。结果是任何男孩能做的事他也能做，如果童子军团行军 10 里，邓普西也同样走完 10 里。后来他要踢橄榄球，也能把球踢得比任何一个在一起玩的男孩子远。

有教练婉转地告诉他，说他"不具有做职业橄榄球员的条件"，劝他去试试其他的事业。但他仍申请加入一支职业球队，并全身心地投入训练中。

邓普西的用心付出得到了回报。在一场关键的冠军决赛中，时间只剩下几秒钟，球队还落后两分。教练果断地把邓普西换上了场。最后一刻，球传到邓普西那里，他用尽全力一脚踢在球身上，这一脚球的距离创下了新的纪录。球在球门横杆之上几英寸的地方越过，得了 3 分，结果球队以 19 比 17 获胜。邓普西对橄榄球的热爱和全力以赴，终于使他创造了奇迹。

卡耐基曾说："我们所急需的人才，不是那些有多么高贵的血统或者多么高学历的人，而是那些有着钢铁般坚定意志、勇于向工作中的'不可能'挑战的人。"

每一位成功人士几乎都曾面临一件或几件"不可能的任务"。与那些只知道焦虑和抱怨的人相比，他们先不去过多衡量事情是否可以做到，而是看事情是否值得去做。如果值得，那么用心去做，不给自己找各种借口，不达目的誓不罢休。

英国维珍（Virgin）品牌创始人理查德·布兰森 15 岁时就创办了一本名为《学生》的杂志。他干了许多在别人看来不可能的难事。比如他邀请到了摇滚音乐巨人约翰·列侬做专栏作家，还请到了法国哲学大师让·保罗·萨特为他撰稿，而这两位大概是当时世界上最高傲、最难打交道的人了。他甚至还拉到了一单可口可乐投放的广告。布兰森的努力和勇敢所得到的回报是：杂志月发行量达到了惊人的 20 万册。

苹果公司不断突破"不可能"的限制，创造出一系列让世人惊叹的产品，很大程度要归功于乔布斯对工作的专注和用心。前苹果公司设计师雷赖利说："苹果是世界上最精于设计的公司，这都是因为史蒂夫·乔布斯。"

1981 年，乔布斯准备创造一台让世人惊讶的电脑，他找来公司最好的员工，成立了麦金塔电脑小组。这个小组的成员有 20 多人，个个精明强干，干劲十足。他们都像乔布斯一样，属于那种自命不凡、特立独行的人。这些人的共同目标是，创造一台世上最棒的电脑，这种殷切的渴望甚至超越了他们对金钱和职位的需求。结果不出所料，他们实现了目标。

乔布斯对工作的用心与投入，达到了疯狂的地步。据说有一次，乔布斯为了一颗螺丝大发雷霆。他要求一位设计师在设计麦金塔电脑时，不能有一颗螺丝裸露在外面，然而，有个自作聪明的家伙居然将一枚螺丝藏在了一个把手下面，结果他立刻被乔布斯扫地出门。在麦金塔电脑面世后，苹果公司在曼哈顿开第一家专卖店，乔布斯竟要求将店面所用的意大利大理石送到苹果公司总部，让他亲自检查大理石的纹理。

乔布斯总是不计成本追求完美。他曾经说过，连一个屏幕的按钮我们都要设计得完美无缺，让你想要吻它一口。苹果电脑在意电源开关显示的亮度与颜色，在意电源线的设计，甚至连电脑内部线路的安排也赏心悦目。因为这些细节的视觉与触感，让苹果电脑的产品独树一帜。

为了保持旺盛的创新激情，乔布斯在六个不同的服务器注册了邮箱并公之于众。他每天都要收到300多封有效邮件。一些全然陌生的网友，在邮件中大谈理想或者一些疯狂的设想，给乔布斯无尽的启迪。许多好的点子就是在那样的碰撞中产生。

很少有公司能做出像苹果那样品质优良的产品，是因为在产品开发过程中，技术、设计等部门往往会以"做不来"为由，大打折扣。但在苹果公司就没有这个问题。作为一个铁腕领导者和公司灵魂人物，乔布斯能将"做不来"扭转为"做得来"。在他的压力下，苹果的技术员总能做出一些超越自己能力的成果。乔布斯不是技术人才，但他对完美的倡导和追求却推动了许多技术方面的突破，把看似不可能的设计变成了现实。

用心感言

在工作中，你也许会产生一种太困难、不可能、行不通的消极意识，这只能说明你对事业还缺乏足够的热情和投入。一句话，你还不够用心，而不是真的不行。如果你肯用心去尝试，这世上还真没有什么难事。

只要用心，一切皆有可能

在这个世界上，每天都有不少年轻人开始新的工作。他们都渴望能登上成就的巅峰，享受随之而来的成功果实。但遗憾的是，他们中的绝大多数人都不具备必需的信心与决心，也没有为事业付出应有的热情和诚意，因而无法达到顶点，其作为也一直停留在一般的水平。

我们首先要有信心，相信一切皆有可能。拿破仑·希尔告诉我们：只要有信心，你就能移动一座山；只要相信你能成功，你就会赢得成功。当然，相信"我确实能做到"还不够，你还必须用心去做。

在一个用心工作的人面前，成功没有什么神奇或神秘可言。当你有了能力、技巧与精力这些必备条件，只要用心去做，自然就会找到"如何去做"的方法，并由此打开成功之门。

刘大锋是湖北应城市刘垸村的一位普通小伙子，父母都是农民，靠做粉笔来维持家计，还要供刘大锋三兄妹读书，一家人日子过得很清苦。

刘垸村拥有十分丰富的纤维石膏资源，从20世纪50年代起，村里就开始制造粉笔，全村人都是靠做粉笔维持家业。然而随着油性笔教学的普及，粉笔渐渐成了一个"夕阳产业"，许多粉笔作坊都关了门，人们不得不另谋出路。

看着兴旺几十年的传统产业日渐衰退，刘大锋有一种说不出的心酸。2006年大学毕业后，刘大锋怀着满腔热情回到家里和父母一起制造粉笔，可是那点仅存的业务甚至还不够他的父母两个人加工。无奈之下，刘大锋带着文凭，到广东的一家互联网公司里找了份工作，待遇十分优厚。正当父母为他高兴时，刘大锋却从单位辞职，捧着一台旧电脑回到了家里。

原来，刘大锋在工作中发现了网络这个平台的巨大潜能，那种信息的传达速度和范围是人工无法做到的！刘大锋回来后，先是发动父母低价收购了村里另外几家已经停业的作坊，然后进行整合规划，并且注册了刘垸粉笔有限责任公司，亲任总经理。

刘大锋从产品质量入手，提高了生产工艺的要求，并且更新包装，使之变得更加精美和高档。与此同时，刘大锋在网络上广泛发布信息，不仅在各个商业网站，就连一些文学网站也不肯放过；不仅在国内的网站宣传，还在国外的各大网站开设博客和主页。刚开始做的时候，因为对电子商务知识不熟悉，操作起来很吃力，靠着自己每天一点一滴的学习积累，摸着石头过河。刘大锋没日没夜地坐在电脑面前，自己也无法统计究竟登陆过多少个网站，发布过多少则信息。

网络宣传当然不会在一两天里面就见效。一开始，网上询价的倒是有几个，可是下单的却没有一个，所以刘大锋的努力遭到了怀疑，村民都嘲笑刘大锋脑瓜有问题，说他是疯子，不务正业。

但功夫不负有心人。终于，在两个月后，刘大锋接到了他的第一个订单，这一单是 10 多万元，对粉笔生意来说，这样的订单已经算是很大的了。刘大锋的父母吃惊得半天回不过神来，10 多万元，那是他们在经营作坊的时候想也不敢想的数字！可刘大锋却笑笑说，这应该是小意思，后面的业务一定会更大。

刘大锋在完成这笔交易后，并没有急着把赚来的钱存起来，而是进行了新的投资：更换设备，新造厂房，招聘员工，成立科研队伍，并且在原书写型粉笔的基础上，开发出智能玩具型、知识运用型、灭虫杀菌型、玩具卡通型、竞技运动型等五大类 300 多种规格的粉笔。在把新产品推向市场的同时，刘大锋更是请了 5 位大学生，成立了一个临时"网络公关组"，再一次把广告撒向了国内外各个网站和论坛。

刘大锋的刘垸粉笔知名度越来越大。不到两年时间，订单像雪花一般从世界各地飞落到他的办公桌上：上海市教育局要采购 16 万元的教学粉笔；从湖南飞来了 20 万元订单，从香港飞来了 30 万元的订单；北京奥组委订购了 300 多万元的打靶飞碟粉笔；阿尔迪和沃尔玛各自下了 300 万美元的大订单，这两家零售巨头甚至还抢着与刘大锋建立了长期的业务关系。

刘大锋的刘垸粉笔公司一年生产 10 多亿支粉笔，产品不仅在国内市场上站稳了脚跟，而且还远销到美、英、意、德等 200 多个国家和地区。就连联合国教科文组织也向刘大锋发来订单，要求订购一批价值 200 万美元的粉笔，一时在商界被传为美谈。

一个年轻人，仅仅通过一台电脑，便激活了粉笔这样一个人们眼中所谓的"夕阳产业"，他的成功没有别的秘诀，就在于用心。用心，使他敏锐地发现网络平台的潜能；用心，更使他坚持日复一日、年复一年不断地开发产品、提升质量、发布信息，一点点把"夕阳"变得如日中天。

　　这世界是属于那些用心做事的"疯子"的。你可以把斧头卖给美国总统，你也可以把粉笔卖给联合国，只要你有信心，愿意把全部的热情、精力和智慧都倾注在事业中，"一切皆有可能"就不会是一句虚幻的广告词，而是你辉煌人生的坚实注脚。

相信你的意志力

　　我们所说的用心，有一个很重要的内容，就是信心。信心是所有成就的奠基石，也是打破"不可能"限制的利器。一个对自己信心很强但能力平平的人所取得的成就，常常比一个具有卓越才能但自信心不足的人所取得的成就要大得多。

　　有人把信心比喻为"一个人心理建筑的工程师"。一个人如果对自己有着不可征服的信心，肯定会在世界上拥有自己的地位。相反，如果一个人对自己的意志缺乏应有的信心，即便他工作努力认真也徒劳无功，因为从一开始，他失败的结局就已经不可避免。

　　如果你不相信自己的意志，如果你总是自我评价过低，如果你总是贬低自己，当你和别人打交道时，你别指望别人会尊重你，你的成就也不会超过你的期望。

　　有一位公司的部门经理，每次召开会议时总是蹑手蹑脚地走进会议室，就好像自己是一个无足轻重的人，就好像他完全不胜任经理这个职位。他经常感到奇怪，在本公司里为什么自己说话没有一点儿分量？为什么自己在部门下属的眼中威信这么低？为什么自己不能得到他们的尊重？这位部门经理没有意识到，他对自己的意志缺乏一种坚定的信念，在自己全身都贴满了无能的标签。你要赢得别人的信任和尊重，你首先就要做到自信和自尊。

许多年轻人太习惯于向外界妥协。他们一开始有自信，但信念并不牢固。特别当他们的意见或观念遭到那某些权威、上司的反对时，他们就会退缩，缄口不敢再言。于是勇气一点点消失殆尽，机会也因此一次次擦肩而过。

实际上，相信自己的生命和意志还是相信外在的某些权威，是成功者与失败者的分水岭。我们都知道小泽征尔赢得指挥比赛冠军的那个经典故事。小泽征尔之所以能够取得冠军，就归功于他不妄从权威，敢于在别人说"不"的时候说"是"。类似的，亨利·比奇曾讲了一个他小时候的故事：

有一天，他的老师让他站起来背诵一篇课文。当他背到某个地方时，响起了老师冷漠平静的声音："不对！"

他犹豫了一下，又从头开始背起，当背到相同的地方时，又是一声斩钉截铁的"不对"阻断了他的背书进程。这回老师干脆叫："下一个！"

亨利·比奇只好坐了下来，觉得莫名其妙。

第二个同学也被"不对"声打断了，但他继续往下背，直到背完为止。当他坐下时，得到的评语是"非常好"。

"为什么？"亨利站起来提出抗议，"我背得和他一样，您却说'不对'？"

"你为什么不说'对'并且坚持往下背呢？仅仅了解课文还不够，你必须深信你了解它。除非你胸有成竹，否则你什么都没学到。如果全世界都说'不'，你要做的就是说'是'，并证明给人看。"

在别人都说"不"的时候说"是"，说起来容易，做起来却需要超常的信念。大多数人缺乏坚定的信念和意志，几乎依赖于某些东西或某些人的意志，从而轻易改变自己的意志，敢于特立独行的人少之又少。于是大多数人都成了无所作为的芸芸众生，而那些卓尔不群、不为大多数人意见所左右的人则成为了少数的成功者。

有一家大公司要招聘一位市场人员，优厚待遇吸引了不少报名者。经过竞争激烈的笔试和面试，只有三个人进入最后的面试。

第一个应聘者一走进来，意外地发现面前坐着集团公司的总经理。这位老总在商场中叱咤风云，以果断和善辩著称。应聘者一见老总亲自面试，不免心慌意乱起来。老总的问题尖刻而带有挑衅，应聘者根本不敢正面驳斥，只能竭力自圆其说。不到半个小时，他就被老总问得毫无招架之力了。

老总笑着对他说："你可以出去了。"

第二位也是如此，一开始就被老总的气势压住了，自己的语言特长根本发挥不出来。

很快轮到了第三位应聘者。他理理衣服，不慌不忙地走进来，看到这位老总，依然毫无惧色，仿佛面前的老总在他眼里只是一位平常的招聘人员，他大大方方地对老总说："你好！"

老总用威严的目光扫了他一眼，提了许多问题，应聘者侃侃而谈，条理分明。

突然，老总提出一个涉及个人隐私且十分尖刻的问题。应聘者一听，不禁有些气恼，但仍然平静而有礼貌地指正了老总。老总不同意他的观点，两人便争论起来。

老总的话音突然戛然而止，笑着说："不错，有胆量，你等我们公司的最后通知吧。"

第三位应聘者余怒未消地走出面试室，想起刚才和老总争辩的场面，估计自己无论如何都不会被录用了。

结局却出乎他的意料：他被录用了，且得到老总的大加赞赏。当然这也是意料之中的事。一个对自己的意志抱有坚定信念、敢于向权威说"不"的人，那种自信就是他的通行证。

只有自己真的相信自己，才能让别人相信你。如果你期望自己能成功，如果你要求自己干一番事业，如果你对自己的工作有更大的抱负，那么，相信自己的意志力，你会从那些缺乏自信的人中脱颖而出。

思想有多远，就能走多远

美国作家马克·吐温曾说过："构成生命的主要成分，并非事实和事件，它主要的成分是思想的风暴，它一生一世都在人的头脑中吹袭。"我们的思想，决定了我们的行为；思想有多远，我们的行动就有多远。

一个用心做事的人，他的思想并不局限在眼前的事情上，而是走在更遥远的前方。犹如登山，只有用心向前看，你才能看到你的目标、你的差距，才能够激发你的斗志，懂得如何去追赶，如何去超越。

著名催眠式销售培训大师马修·史维，在其事业早期曾经很落魄，经常被房东赶出去，没有朋友，也没有钱，为了买块面包充饥还得在沙发下找零钱。然而有一天，他告诉自己："我受够了，我再也不要过这样的生活。假如我能拥有一切我所想要的东西，那会是什么样子呢？"于是，他坐下来，把理想中的一天写了下来，包括生活中和工作中的所有细节，比如早起后到私人的湖边跑步、有专属司机驾驶的轿车、到以自己名字命名的大厦上班、与国防部签订生意合同、面对上千位观众演讲，等等。

马修·史维为自己的人生创作了一幅理想中的画面。他当时毫无希望与前景，只有一大堆的问题，但在10年之后，他却将这理想中的一天变成了现实。这就是思想的魔力。思想不仅是你内心世界的一种想像，它还推动着你积极行动，找到实现梦想的有效途径，从而使梦想变成现实。

那些成就卓著的人，思想的距离和高度都遥遥领先于一般的人。在默默无闻的时候，他们就已经用坚定的信念预见到了今后的成就。

40多年前，奥地利有一个10多岁的穷小子，自小身体非常瘦弱，却在日记里立志长大后要做美国总统。但如何能实现这样宏伟的抱负呢？年纪轻轻的他，经过几天几夜的思索，拟定了自己的人生蓝图，其中包括这样一系列的连锁目标：

做美国总统，首先要做美国州长；要竞选州长，必须得到雄厚的财力支持；要获得财团的支持，就一定得融入财团；要融入财团，就最好娶一位豪门千金；要娶豪门千金，就必须成为名人；成为名人的快速方法，就是做电影明星；做电影明星前，得练好身体，练出阳刚之气。

按照这样的思路，他开始步步为营。他相信练健美是强身健体的好点子，因而萌生了练健美的兴趣。他开始刻苦而持之以恒地练习健美，渴望成为世界上最结实的壮汉。他抱着一种信念：没有你办不到的，只要你付出足够的努力。别的选手都不愿与他同时训练，因为他惊人的训练量令他们感到侮辱与敬畏。他甚至因为太过剧烈的运动而发生晕倒和呕吐的意外。

三年后，借着发达的肌肉，一身雕塑般的体魄，他开始成为健美先生。他前后共获得一届国际先生、五届环球先生（世界健美冠军）与七届奥林匹亚先生的荣誉，这一奇迹在健美界是空前绝后的。

从健美界退役后，他开始写健身书，每一本书都畅销一时。在22岁时，他踏入了电影圈。他在好莱坞一系列科幻动作影片中获得极大成功，成为世界影迷中的英雄偶像。在所有好莱坞主流影星中，他是唯一半路出家的演员。

当他的电影事业如日中天时，女友的家庭也在他们相恋9年后，终于接纳了这位"黑脸庄稼人"。他的女友就是赫赫有名的肯尼迪总统的侄女。他们婚姻生活恩爱，过去了十几个春秋。他与太太生育了4个孩子，建立了一个"五好"家庭。

他不止是一个四肢发达的人，还有着精明出众的经济头脑，拿过商业和国际经济双学士学位。他对希尔博士创立的"创富心理学"有相当深刻的研究，自己的投资也多次用到各种相关学问。早在他成为电影巨星之前，他已经是一个亿万富翁了。

2003 年，57 岁的他退出了影坛，转而从政，竞选加州州长。面对随着竞选而来的明枪暗箭，他始终面带微笑或闪或避或推或让，把一切化于无形。一次在加州州立大学里，反对者投掷的鸡蛋打在他的西服上，但他却头也不回，顺手就把白色的西装脱了下来，交给助手去打理，自己则始终面带笑容，走向主席台，发表了 15 分钟的演说。事后，他还笑称这是他"新鲜发言"的一部分，说投掷者还欠他一块熏肉，如果当时有熏肉，他会蘸了肩上的鸡蛋，一口吃下去。最后，他成为了美国加州新一任州长。

他就是阿诺德·施瓦辛格，一位健美先生、一位电影巨星、一位政坛风云人物。在人生的不同阶段，他在不同领域都取得了巨大的成就。施瓦辛格曾经说："比起健美先生时代来，现在的我已经是完全不同的施瓦辛格了，我们每个人都要经历不同阶段。你会改变很多，更加成熟。你逐渐长大。当你 4 岁，你在玩玩具卡车。当你 14 岁，你想出去玩橄榄球，你没想过要建立事业。但是当你 24 岁时，你想到了建立自己的事业。对我而言，生命的意义不仅仅是简单地生存，还在于前进、发展、成就和征服。

不知道施瓦辛格以后能否真正成为美国总统，但从一名运动员、演员，一跃成为一名领导美国人口最多、面积最大的州之一的州长，他的经历让人们记住了这样一句话：思想有多远，我们就能走多远。

用心感言

我们的人生唯一可能遇到的限制，并非来自那些身外之物，而来自我们的思想。思想就像指南针和地图，指引出我们要去的目标，并确信必能到达。如果我们的思想不受限制，那么我们的人生也就走得足够远，我们的成就也不会有限制。但如果我们自行为思想设限，转瞬之间那些限制就在眼前。

信念是一种强大的力量

眼睛是心灵的窗户，所以要判断一个人是不是在用心做事，可以看他的眼睛。如果他真的是在用心干事业，你就能从他的眼睛里发现一种光芒。这种光芒，在任何一个成功者那里都能发现。它就是信念。

你会发现有一些人能力并不如自己，却能完成那些看起来无法完成的事情；你也会发现一些人奋斗了若干年而一无所获，却突然间实现了他们最宝贵的梦想。你会疑惑他们的力量从何而来，其实那种力量并不神秘，那也是——信念。

哈佛大学最杰出的心理学教授威廉·詹姆斯曾这样论述信念："几乎不论任何课程，只要你对它满怀热忱，你必定会为了它废寝忘食。倘使你对某项结果十分关心，你自然会获得成功。如果你想做好，你就会做好。若是你想学习，你就会去学习。只要怀着信念去做你不知能否成功的事业，无论从事的事业多么冒险，你都一定能够获得成功。"

信念往往支配了我们的未来。我们相信会成真、有可能的事，它就必会如你所愿。有些人虽有热情，工作认真努力，但对自己的能力怀疑或期许不高，因而从未采取能让愿望实现的行动。但成功者不然，他知道所追求的并且相信必能获得。

司图尔特·米尔曾说过："一个有信念的人，所发出来的力量，不下于99位仅心存兴趣的人。"这也就是为何信念能启开成功之门的缘故。

著名的耶鲁大学教授伯尼·西格尔博士以几个针对多重人格异常的病例，证明了信念的这种"特异功能"。说来令人不可思议，当那些患者认定自己是什么样的人时，他的神经系统便会传达一项指令，使他身体的机能做出极大的改变。也就是说他们的身体在研究者的眼前很快就变成另一个新个体，例如眼珠的颜色变了、身上的某些记号消失了或出现某种特征，甚至于当他们认为自己患上了糖尿病或高血压，他们就真的患上了这些病症。

人生不如意十之八九，其中也会有极为痛苦的遭遇，要想活下去，非有积极的信念不可，这是心理医生维克多·弗兰克从由纳粹设立的奥斯维辛集中营的种族屠杀事件中发现的道理。他注意到，凡是能从这场惨绝人寰的浩劫中活过来的少数人，都有一个共同的特征，那就是他们不但能忍受百般的折磨，而且懂得以积极的态度去面对这些痛苦。他们相信自己有一天会成为历史的见证者，告诫世人千万不要再让这样的惨剧发生。

数千年来，世界上很多科学家、权威人士的研究结果表明，由于骨骼、肌肉等各方面因素的限制，人类不可能在 4 分钟内跑完 1 英里。因此人们一直认为，这是人类不可能打破的纪录。然而，1954 年，一位叫罗杰·班纳斯特的人却打破了这个纪录！

班纳斯特之所以能够创造这一惊人的佳绩，一方面归功于体能上的苦练，但更重要的是，得力于精神上的突破。在破纪录之前，他曾在脑海中无数次地模拟以 4 分钟的时间跑完 1 英里，长此以往便形成了强大的成功信念，结果，班纳斯特真的做到了，做到了人类数千年来一直认为不可能的事情。

奇怪的是，在班纳斯特打破纪录的第二年，有 37 个人也做到了。第三年，居然有 300 多人也做到了！为什么在班纳斯特突破之前无人做到，而之后却有那么多人做到了呢？原因就在于，这些运动员被科学家的报告限制住了自己的潜能，他们不相信自己可以做到。但之后，他们看到有人做得到，才相信自己也能做到。这又一次证明了信念具有强大的力量。

信念的力量并非仅体现在个人身上。在一个企业或组织里，领导人所提出的前景与使命，也是一种信念。IBM 的第二代领导人小托马斯·

沃森曾在 1962 年的一次发言中说，他坚信任何企业为了生存并取得成功，必须有一套健全的信念，并把它作为所有政策和行动的前提，他认为企业成功最重要的因素就是要忠于这些信念。如果一家企业要取得成功，应对不断变化的世界所带来的挑战，必须时刻准备着改变自己的一切，除了信念。

企业的信念不是凭空杜撰，它往往来自于某个人特别是领导者的性格特征、丰富阅历以及坚定的信念。托马斯·沃森作为公司的创始人，他的个人因素对 IBM 信念的形成有深刻影响。早年家庭品德教育和简单质朴的乡村生活，让托马斯学到了一些重要的价值观：尊重所有人，竭尽全力做好每件事，诚实公正，坦诚率真并永远积极乐观。对他来说，这些价值观就是生活的原则，需要一丝不苟地终生恪守，之后销售职业的训练让他习惯于关注市场需求，习惯于注重产品品质，习惯于在尊重平等的人际关系中处理问题。

IBM 公司从早年生产种类繁杂的产品，到后来专注于制造高性能计算机的演化过程中，包括企业主题歌和商标在内的一切几乎都已发生改变，然而，尊重个人、提供品质最高的服务以及出色地完成所有任务，这些自托马斯·沃森以来 IBM 始终坚守的信念，从未动摇。正因如此，IBM 员工的态度、活力和干劲一如既往，企业前景充满希望。

坚定的信念造就了卓越的人，然后，又使他们变得更加强壮。当员工变得更加强壮，他们所在的企业也随之强壮起来。

用心感言

成功的人，总是先相信，然后就会看到；而不成功的人，总是看到了才会相信。如果你想改变自己，那就先从改变信念开始。信念是打开一切"不可能"锁链的钥匙。当你用强大的信念去推动自己时，你就可成就大事。

用恒心和坚持成就奇迹

愿意把全部的热情、智慧和精力都投入事业中的人，几乎都有一种非同寻常的品质——恒心。在这世界上，任何事物都无法取代恒心。哪怕你才华出众、工作认真，如果不能持之以恒，那么你什么事也做不成。

恒心和坚持造就了我们这个世界。房屋是由一砖一瓦堆砌成的；足球比赛的最后胜利是由一次一次的得分累积而成的；商店的繁荣也是靠着一个一个的顾客造成的。每一个重大的成就，都是由一系列的小坚持铺成的。

至于我们的人生，更像一场比试耐力的长跑，而不是竞速跑。有句话叫："不怕慢，就怕站。"也许你不比别人聪明，也许你有某种缺陷，但只要你坚持着，一步步地走下去，总会有出路的。

1944 年，"名人录"模特公司的主管埃米琳·斯尼沃利告诉一个梦想成为模特的女孩说："你最好去找一个秘书的工作，或者干脆早点嫁人算了。"这个女孩并没有去嫁人，也没有去当秘书，继续为她的梦想而努力。1953 年，她在电影《尼亚加拉》里担任主角，一跃成为好莱坞的一代影星，她的名字叫做玛丽莲·梦露。

1954 年，"乡村大剧院"旗下一名歌手首次演出之后就被开除了，老板吉米·丹尼对那名歌手说："小子，你哪儿也别去了，回家开卡车去吧。"这名歌手并没有因此而放弃对梦想的追求，在坚持不懈的拼搏下，1956 年，他的名气开始如日中天，最终成为了一代摇滚巨星，他的名字叫埃尔维斯·普雷斯利，绰号"猫王"。

2010 年 8 月发生在智利的那次矿难令人印象深刻。采取合理的救援手

Ren Zhen Zuo Zhi Neng He Ge, Yong Xin Zuo Cai Neng You Xiu

认真做 只能合格，用心做 才能优秀

段是智利矿难救援行动成功的一部分，但绝不是最重要的一环。33 名矿工的获救，更多的是依赖于人类最传统的美德——忍耐、勇气和坚持。其中 34 岁矿工埃迪森·佩纳的事迹尤其感人。

埃迪森·佩纳在圣地亚哥市郊长大，是一个普通技工的儿子。在学校读书时，他曾表现出聪颖幽默的天赋。尽管如此，他还是没有摆脱成为技工的命运。

2007 年 1 月，31 岁的佩纳来到科皮亚波。科皮亚波是智利北部的一个城市，周围有铜、金、银矿。这里既是淘金者的天堂，也是像佩纳这样的人寻找工作机会的地方。

然而在 2010 年 8 月 6 日凌晨 4 点，矿难把佩纳和其他 32 名矿工留在了地下 700 米深的矿井临时避难所。

后来，死里逃生的佩纳回忆说："自己当时仿佛听到一个声音在耳边喃喃低语：'你什么都做不了，什么都改变不了。'你能了解那种痛苦么？那就是绝望的感觉。"

最初的 18 天是最难熬的。佩纳回忆说，当时他们与外界彻底失去了联络，直到钻头穿过 20 多米的地表，带着食物药品等生活必需品抵达他们所处的地底时，被困矿工们才被重新点燃希望。

"最初我们的食物非常有限，每天每人只能吃一小勺金枪鱼，后来变成了两天一勺。水是从损坏的矿车暖气中过滤出来的。有 5 个人曾经组成一队，想要挖出逃生的路。这个计划吓坏了一些人，因为担心这样会再次发生塌方。"

让人哭笑不得的是，佩纳的名字被心理专家们排在了"可能出现精神异常的矿工"的第一位。他们都听说了佩纳在地下 700 米疯狂跑步的故事：救援工作展开后，在与佩纳互传信件、电话和视频的过程中，他的女友阿尔维斯发现，佩纳的行为开始变得越来越奇怪。他背着一个木箱，在巷道里不停奔跑。

佩纳一直在用这种方式宣泄他的愤怒和恐惧。在事故发生前他就是一个健身运动爱好者，他穿着皮革的矿工靴子，坚持每天在巷道里奔跑，并被其他矿工称为"跑步男"。

对于自己为什么在井下拼命跑步，佩纳的解释是："尽管我身处大地最深处，但是我仍然坚持跑步。因为只有你不断向神灵证明你仍然充满斗志，那么神才会听你的愿望。神灵不喜欢我们轻易言弃。"

为了给佩纳提供精神上的支持，阿尔维斯想到了一个可行的办法：在为信件设计的通道里为佩纳偷偷送进一双耐克跑鞋。购买跑鞋是件简单的事，但是想要使它们通过政府心理学家这关是个大的挑战。为了防止家属通过管道给矿工偷运"违禁"物品，政府的心理学家们在地表的通道旁安置了一位强壮的海军士兵，负责检查所有运输下去的包裹。

但阿尔维斯努力说服了专家，允许耐克鞋传送给佩纳，鞋子被强行挤进通道。佩纳说："我知道送到地下的东西是要通过严格的审查的，许多其他矿工的需求都没有得到满足。能够拿到鞋我很开心，之前我一直穿着工作靴跑步，脚很痛。拿到跑鞋我马上出去跑了一圈。"

佩纳非常幸运，由于坚持在井下锻炼，他的身体保持了良好的状态。他成为第一批获准出院回家的三个矿工之一。而他坚持穿着工作靴在闷热的矿井下跑步的经历已经传遍天下，毕竟，这应该是赛跑史上最不寻常的训练经历。

受困井下的日子里，佩纳每天要沿着地下坑道跑步9.7公里，这个成绩也打动了纽约马拉松赛事总监威顿伯格，并因此向佩纳发出了参加比赛的邀请。

于是，获救未满一个月，佩纳就受邀参加纽约马拉松赛跑。纽约马拉松是世界著名的赛事之一，这次有4.3万人参加，佩纳受到了英雄般的欢迎。比赛开始前，佩纳对记者说："我想证明自己能做到。"

虽然膝盖受伤而且有些痛，34岁的佩纳还是以5小时40分钟跑完全程，比自己预计6小时完成的成绩要好。比赛主办方通过扩音器播放了佩纳最喜爱的猫王的歌曲，路旁的民众也都为他欢呼喝彩。

这个矿井下的奔跑者以这种方式证明了：只要坚持下去，人生可以创造任何奇迹。

160

许多失败者其实什么也不缺，只是缺乏一点点去坚持的恒心。机遇最青睐用心坚持到底的人，这种人即使是在最黑暗的夜晚，也会坚定信念向前走，穿越漫漫长夜，最终迎来阳光灿烂的日子。

用一颗执著的心消灭"不可能"

　　有一个年轻人应聘到一家汽车销售公司做汽车推销员，老板给了他一个月的试用期，一个月内如果他能推销出去汽车，就留用；如果不能，就被辞退。随后的日子，他辛苦奔波，但试用期快过去了，却一辆汽车也没有推销出去。第30天的晚上，老板打算收回他的车钥匙，并告诉他明天不用再来了。但他说："还没有到晚上12点，所以今天还没有结束，我还有机会！"老板看了看这个执著的年轻人，决定给他最后的机会。

　　于是，年轻人把汽车停在路边，坐在汽车里，等待着奇迹的发生。快到午夜的时候，有人轻叩车门，是一位卖锅的人，身上挂满了锅，向他推销锅。他就请这位卖锅人上车来取暖，并递上了热咖啡，两个人开始聊了起来。他问："如果我买了你的锅，接下来你会怎么做呢？"卖锅者说："继续赶路，卖下一个。"他又问："全部卖完了以后呢？"卖锅者说，"回家再背几十口锅出来卖。"他继续问："如果你想使自己的锅越卖越多，越卖越远，你怎么办？"卖锅者说："那我就得考虑买部车，不过现在我买不起。"他们就这样聊着，越聊越开心。

　　快到午夜12点的时候，卖锅者在他这儿订下了一部汽车，提货时间是5个月以后，留下的订金是一口锅的钱。因为有了这份订单，老板留下了他。从那以后，他开始了推销史上的一段传奇。15年间，他卖出了1万多部汽车，创造了推销史上的奇迹，被誉为世界上最伟大的推销员。

他就是乔·吉拉德。他的奇迹人生的开端，就是那一次坚持到底的执著。

执著是一种体现人格的意志。一个执著的人，他每天虽然在做同样的事情，但每一次都会用心去做。有的人也许会认为，只要认真做好一件事，就一定会成功。其实不然。认真不等于执著，也不能代替执著。成功是一种积累，一种不断上升的过程，认真做好一件或几件事并不能给你带来成功，只有保持热情，咬定你的事业目标不放松，你才有成功的希望。

比尔·盖茨说："无论遇到什么不公平——不管它是先天的缺陷还是后天的挫折，都不要怜惜自己，而要咬紧牙关挺住，然后像狮子一样勇猛向前。"无数成功者的故事告诉我们，成功不需要什么高深的学问，也不需要什么过人的才华，大多数时候，成功＝平常人＋执著。

和吉拉德一样，执著也改变了唐骏的人生。

唐骏大四那年为了出国，抓紧复习，结果考取了跨专业研究生考试的第一名。但让他郁闷的是，当时他所在的北京邮电学院并没有把出国留学的名额分给唐骏。面对这种情况，唐骏显示了异于常人的执著。

唐骏想："本校对我不认可，其他学校也许会给我机会。"于是，他在公用电话上挨个给同级别甚至低级别的学校打电话。一个打不通，没关系，接着打。功夫不负有心人，北京广播学院的一位老师告诉他："我们学校的出国名额还没有用掉，可以过来试试。"骑了两个小时的自行车，唐骏见到了这位老师。老师的第一句话就是："看得出来，你很执著！"唐骏表示出对广播事业的热心，称拿到名额后，即使教育部不批，也会留在广播学院读书。终于，老师被唐骏的执著感动了，经过校方研究，广播学院愿意把他推荐给教育部。

但一波未平，一波又起。整个选派出国研究生的活动已经结束，为了一个人将名单送去教育部，既无先例也看不到可能性，但执拗的唐骏还是积极地尝试去联系教育部官员们。

于是，有那么几天，教育部的李司长每天早上都能看到一个精瘦的年轻人站在办公室门口，迎接他上班，看起来很轻松地跟他打招呼："早上好!"中午吃饭的时候就守在门口问："李司长，您出来吃饭?"下班的时候说"您下班了?"

第三天，李司长忍不住好奇，开口问："你干什么的，为什么老叫我?"那个年轻人回答："我叫唐骏，我是广播学院的。"司长点了点头。第四天打招呼的时候，他把声称"我一直会来"的唐骏叫到了自己的办公室。他说："我们看了一下你的资料，各方面不错，不过时间晚了，但你可以去广播学院、邮电学院补一些资料，补来后我们再考虑你是否出国。"聪明的唐骏知道，当领导说讨论一下、看一下的时候，事情就有90%的把握了。于是，他从容地拿出事先准备好的材料……

第六天，唐骏可以出国了。后来的事大家都知道了，他先后任微软中国、盛大的总裁，成为赫赫有名的"打工皇帝"。

用心感言

　　执著已经成为一种敬业品质，一种工作态度，一种事业目标。执著，可以把不可能的事情变成可能。无论什么人，有本事的，需要执著；没两下子的，就更需要执著。只有对事业始终有"咬定青山不放松"般的执著，才能真正领悟并把握住成功人生的要义。

 ## 做别人不敢做的事

　　成功学家陈安之有句名言："成功者，做别人不愿做的事情，做别人不敢做的事情，做别人做不到的事情!"

　　在这个世界上，成功者永远都是处在社会金字塔顶端的少数人，他们行为也必然与芸芸大众有所区别。别人懒惰，他们勤奋；别人认真，他们用心；别人刻苦，他们拼命，这就是做别人不愿做的事情。一般人不敢冒

163

险，不敢创新，不敢打破常规，但他们敢，这就是做别人不敢做的事情。

许多人之所以被生命的阴影包裹，走不出命运的低谷，并不是他们缺少才能、机遇，而是他们不去做别人不愿做、不敢做的事，放弃了走向成功的捷径，加入了过独木桥的千军万马中，结果被挤下了河。

走别人不愿走的路，做别人不敢做的事，你才能踏上一条成功的捷径。要知道，上帝总是把最美的果实留给那些愿意冒险的人。

美国佛罗里达州有个小商人，注意到家务繁重的母亲们常常临时急急忙忙上街为婴儿购买纸尿片而烦恼，于是灵机一动，想到创办一个"打电话送尿片"公司。送货上门本不是什么新鲜事，但送尿片则没有商店敢做，因为本小利微。为做好这种本小利微的生意，只能精打细算。这个小商人雇佣全美国最廉价的劳动力——在校大学生，让他们使用的是最廉价的交通工具——自行车。他又把送尿片服务扩展为兼送婴儿药物、玩具和各种婴儿用品食品，随叫随送，只收 15% 的服务费。结果，他的生意越做越兴旺。

台湾有一个花卉经销商，有一天突发奇想，想从花卉中提取叶素加工生产一种专治痔疮的特效药膏。他这种想法受到大家的嘲笑和阻挡。但是，他毫不气馁，在经营花店的同时，忙于自己的这一计划。谁料他整整花了两年时间，才找到了一个提取花卉叶素，配制美容护肤品的方法。尽管别人都嘲笑他，他依然租下一片土地，申请贷款种植花卉，提取叶素，小批量生产这种美容护肤品，然后投入市场。一些人使用后，评价很高，一下子打开了销路。尽管如此，他还是坚持研制提取花卉叶素治痔疮的配方。尽管别人都劝他好好经营自己的护肤品，也会赚钱。但是，他认为护肤品市场品种太多，竞争激烈，自己的产品又不是最好的，很难取得巨大成功。所以，他不顾家人的阻拦，别人的劝说，最终把自己护肤品的配方和小厂，转让给了别人。然后，专心致志地研究治疗痔疮的配方。

经过无数次的试验，顶着各方面的压力，他终于研制出了一种带有香味的治疗痔疮的奇特配方，产品一问世，便受到了各方面的好评，销售形势良好，效益蒸蒸日上，很快他的公司就发展壮大起来。

能够成就事业的，永远是信念坚定的人，他们敢于想他人之不敢想，为他人之不敢为，不能忍受"不可能""办不到"的存在。他们用自己的成功告诉我们，如果一个人相信自己能够完成一件别人从未做过的事时，他就一定可以实现它。

2001年5月20日，美国一位名叫乔治·赫伯特的推销员成功地把一把斧子推销给了小布什总统。布鲁金斯学会得知这一消息，把刻有"最伟大推销员"的一只金靴子赠予了他。这是自1975年以来，该学会的一名学员成功地把一台微型录音机卖给尼克松后，又一学员登上如此高的门槛。

布鲁金斯学会以培养世界上最杰出的推销员著称于世。它有一个传统，在每期学员毕业时，设计一道最能体现推销员能力的实习题，让学生去完成。克林顿当政期间，他们出了这么一个题目：请把一条三角裤推销给现任总统。8年间，有无数个学员为此绞尽脑汁，可是最后都无功而返。克林顿卸任后，布鲁金斯学会把题目换成：请把一把斧子推销给小布什总统。

鉴于前8年的失败与教训，许多学员知难而退，个别学员甚至认为，这道毕业实习题会和克林顿当政期间一样毫无结果，因为现在的总统什么都不缺少，再说即使缺少，也用不着他们亲自购买。

然而，乔治·赫伯特却做到了这件别人不敢做的事情。赫伯特是怎么做到的呢？他是这样说的：我认为，把一把斧子推销给小布什总统是完全可能的，因为布什总统在得克萨斯州有一农场，里面长着许多树。于是我给他写了一封信，说："有一次，我有幸参观你的农场，发现里面长着许多矢菊树，有些已经死掉，木质已变得松软。我想，你一定需要把小斧头，但是从你现在的体质来看，一些新小斧头显然太轻，因此你仍然需要一把不甚锋利的老斧头。现在我这儿正好有一把这样的斧头，很适合砍伐枯树。假若你有兴趣的话，请按这封信所留的信箱，给予回复。"最后他就给我汇来了15美元。

乔治·赫伯特成功后，布鲁金斯学会在表彰他的时候说：金靴子奖已空置了 26 年，布鲁金斯学会培养了数以万计的推销员，造就了数以百计的百万富翁，这只金靴子之所以没有授予他们，是因为我们一直想寻找这么一个人，这个人不因有人说某一目标不能实现而放弃，不因某件事情难以办到而失去自信。

勇于将想法付诸行动

　　思想决定了行动，也决定了我们能走多远，但仅有思想还不行。要让思想的种子开花结果，坐着等是不行的，我们要拿出行动来。

　　拿破仑说："想得好是聪明，计划得好更聪明，做得好是最聪明又最好。"成功如果只有思想和明确的目标，只相当于给你的赛车加满了油，弄清了前进的方向和线路，要抵达目的地，还得把车开动起来，并保持足够的动力才行。

　　有一个雅典人没有口才，可是非常勇敢。有一天开大会，许多人做了精彩的长篇演说，许诺说要办许多大事。轮到这个人发言，他站起来，憋了半天只说出一句话："大家说的事情，我都要做。"很多时候，我们并不缺乏好的创意，只缺乏这样将想法付诸实行的人。

　　那种能使你获得更多的生意或简化工作步骤的创意，只有在真正实施时才有价值。每天都有几千人把自己辛苦得来的新构想取消或埋葬掉，因为他们不敢执行。过了一段时间以后，这些构想又会回来折磨他们。

拿破仑·希尔曾提到这样一位教授：这位教授很有才气，他想写一本传记，专门研究"几十年以前一个让人议论纷纷的人物的轶事"。这个主题又有趣又少见，真的很引人。这位教授知道的很多，他的文笔又很生动，这个计划注定会替他赢得很大的成就、名誉与财富。但几年过去了，拿破仑·希尔以为他那本书快要大功告成了，但事实上他根本没写，他说他太忙了，还有许多更重要的任务要完成，因此自然没有时间写了。

拿破仑·希尔说："他这么辩解，其实就是要把这个计划埋进坟墓里。他找出各种消极的想法。他已经想到写书多么累人，因此不想找麻烦，事情还没做就已经想到失败的理由了。"

很多人就是这样，他们总是想等待好的时机才去做事。实际上，这些人缺乏的就是马上开始的决心和勇气，他们总是说"我将来有一天一定会开始做的"，直到有一天才抱憾地说"真该那么做却没有那么做"。

如果你想成就大事，你应该说"我现在就去做，得马上开始"。想不想写信给一个朋友？如果想，现在就去写。有没有想到一个对自己大有帮助的计划？如果有，马上就去实行。不论你的想法有多么大胆，多么不可思议，只要果敢地付诸行动，你一样可以将其变成现实。

艾瑞克·克伦宾是瑞士日内瓦市的一位普通小伙子。他在大学毕业后的很长一段时间里，都没有找到一份适合的工作，成天不是到处投简历就是骑着他的电动车郊游。

几个月后，邻近的一座小城里有一家公司打来电话叫他去面试，那座小城离日内瓦有 100 公里，两座城市间虽然有地铁和公车，可是去到那里之后却仍要步行一段时间，这对于一个去外地面试的人来说是非常不方便的。克伦宾看了看自己那辆又笨又重的电动车，叹了一口气说："如果这辆电动车能随身带着走就好了！"

克伦宾的父亲哈哈地笑着说："你以为这是一把瑞士军刀，可以随身带？别乱想了，快坐火车去面试吧！"

"瑞士军刀？"爸爸不经意的一句话，却给了克伦宾某种提示：为什么就不能把电动车做得像瑞士军刀一样轻便呢？他深思了片刻后，为自己的想法激动起来，决定不去面试了，因为他意识到自己有了一件更有意义的事情要做。

父亲听了他的想法，也非常支持。于是，克伦宾开始上网查询关于折叠电动车的资料。他发现，瑞典虽然已经有了一种可折叠的电动车，但是那种电动车并不太受欢迎，因为要折叠起一辆电动车整整要 10 个步骤，前后共需两分钟，最为要命的是，那款电动车折叠起来后的重量依旧有 48 公斤，体积也很大，所以这样的车子根本不会有人去买。

克伦宾父子决定研究一款体积更小也更轻盈的电动车，电动车最核心也是最重的部件就是电瓶和电动机，只要能够减轻这两个部件的重量，那其余的一切就好办了！克伦宾利用在大学里所学的知识，又购买了大量书籍自学，逐一选择和比对各种适合做电瓶和电动机的材料。经过一年的努力，克伦宾终于攻克了这个难题——把发动机和电瓶的重量减轻了一半！

解决了这个难题，克伦宾开始设计外形，因为心中一直有个"把电动车做成瑞士军刀"的想法，所以设计起外形来几乎毫不费力，只用了一个月时间，他就完成了整辆车的设计工作。

当克伦宾申请到了这款电动车的专利权之后，他向银行贷款办起了一家小小的电动车工厂。第一批折叠车很快就生产出来了，样品的效果正如克伦宾所预想中的一样：重量只有 18 公斤，折叠起来后宽 60 厘米，高 78 厘米，每次充电只需要 4 小时，却可以不间断行驶 6 个小时，时速可达 24 公里。更为重要的是，折叠这辆车只需要按动一个特定的按钮，一秒钟后，这辆车就会自动折叠起来，用背包一套背在身上的感觉，和背了一包普通的行李没有任何区别！

当这款酷似瑞士军刀的电动车推向市场后，无论是外形还是功能都深受消费者欢迎，特别是它那轻盈方便的特点，更是打动了无数生活和工作都不太稳定的"漂流族"。仅半年时间，克伦宾就生产并销售了 3000 辆电动车，英国、美国等地的海外订单也源源不断地向他飞来。只用了一年时间，克伦宾的电动车厂就发展成了一家大型的专业公司。

要成功就要敢想敢做，就要像克伦宾那样，哪怕是把电动车做成一把"瑞士军刀"这样几乎不可能的事情，也要敢于付诸实践，成功也只属于这样的人。

用心感言

　　行动与其说是能力，还不如说是一种勇气。你必须克服让你拖拉迟疑的恐惧心理，敢于将你的构思和创意化为行动，以便发挥它们的价值。不管创意有多好，除非真正身体力行，否则永远没有收获。

从困境中发现转机

　　每个人的一生都会经历失败，陷入某种困境。事实上，我们越尝试新做法、挑战新事物，就越有可能遭遇困难，至少一开始时是如此。但如果我们因此害怕而犹豫不前、不敢冒险尝试，就会停滞不前，并且失去活力与信心。这就如同刚学会走路或咿呀学语的小孩，如果因害怕面对失败与挫折，便永远学不会走路和说话。

　　失败和困境是一块效果明显的试金石，可以考验出一个人是不是真的在用心做事。如果你害怕犯错而拒绝尝试用新方法去解决问题，你就算不上是一个用心做事的人。真正用心的人，不但不会害怕失败，还竭力从困境中找到转机。因为他明白，唯有在失败和困境中成长，我们才能学会碰上新问题时该如何采取对策。

　　爱迪生发明灯泡的时候失败了1000多次，但在他眼里却只有一点点的转机，他说："到现在我的收获还不错，起码我发现有1000多种材料不能做灯丝。"最后，6000多次的失败，造就了他的成功。

　　古时候，有位北方商人到南方买茶叶，当他历尽艰辛到达目的地时，当地茶叶早已被其他商人抢购一空。眼看他就要空手而回，困境之中，他突然心生一计，将当地用来盛茶叶的箩筐全部买下。当其他商人准备将所购的茶叶运回时，才发现已无箩筐可买，无奈只得求助于这位北方商人。就这样，北方商人轻而易举地赚了一大笔钱，还省下了往北方运茶叶的运费，直接将银子带回了家。

这说明，对于一个时时用心的商人而言，生意无处不在，即便在困境之中，仍然隐伏着某种商机。

在美国亚拉巴马州某个小镇的公共广场上，矗立着一座高大的纪念碑。碑身正面有这样一行金色大字：深深感谢象鼻虫在繁荣经济方面所作的贡献。

事情是这样的：1910 年，一场特大象鼻虫灾害狂潮般地席卷了亚拉巴马州的棉花田，虫子所到之处，棉花毁于一旦，棉农们欲哭无泪。

灾后，世世代代种棉花的亚拉巴马州人，认识到仅仅种棉花是不行的，于是，开始在棉花田里套种玉米、大豆、烟叶等农作物。尽管棉花田里还有象鼻虫，但根本不足为患，少量的农药就可以消灭它们了。

棉花和其他农作物的长势都很好，收成表明，种多种农作物的经济效益比单纯种棉花要高 4 倍，亚拉巴马州的经济从此走上了繁荣之路。

亚拉巴马州的人们认为，经济的繁荣应该归功于那场象鼻虫灾害，于是决定在当初象鼻虫灾害的始发地建立一座纪念碑。

在困境中，往往困难和机遇并存，只是我们习惯性地只看到困难，而看不到机遇。事实上，困境中的机遇往往能让我们找到更有意义、更为精彩的生活，只要你用心去发现。

在伊朗的德黑兰皇宫，你可以欣赏到世界上最漂亮的马赛克建筑。那里的天花板和四壁看上去就像由颗颗璀璨夺目的钻石镶嵌而成。走近细看，你会惊讶地发现，这些流光溢彩的"钻石"其实就是普普通通的镜子的碎片。

当初这座宫殿的设计师打算镶嵌在墙面上的并不是这些钻石般的小碎片，而是一面面硕大的镜子。但是，当第一批镜子从国外运抵工地后，人们惊恐地发现镜子被打碎了。承运人忍痛将这些破损的镜子丢到了垃圾堆。令人惊讶的是，总设计师并没有为镜子破碎大发雷霆，而是命令工人将所有丢弃的碎片重新捡回，并让他们将残破的镜片击成更小的碎片。一切就绪后，按照这位设计师的构思，工人们将这些碎片镶嵌在墙壁和天花板上，于是碎片就成了美丽的"钻石"。

巴尔扎克也曾说过："世界上的事情永远不是绝对的，结果完全因人而异。不幸对于强者是垫脚石，对于能干的人是一笔财富，对于弱者是一个万丈深渊。"在强者和智者眼中，挫折和失败并没有那么可怕。当生活中的镜子被打碎时，千万不要沮丧，更不要以为那是世界末日，应该像那位设计师一样，学会在失败中寻找转机，即使是镜子碎了，也要让它变成美丽的"钻石"。

用心感言

困境只是人生中的插曲，不是主调。而且正如古人如云："祸兮福所倚。"困境中也往往隐含着重大的转机，如果你用心寻找，你会发现这正是新生活、新成就的开端。

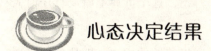

心态决定结果

用心和不用心，归根结底是一个心态问题。而心态，在很大程度上决定了我们的人生。如果你发现自己在混日子，对未来一片迷茫，又或是消极失落、无心于事业，你最好还是赶快改变心态，让自己变得积极起来。

这是我们熟知的一个故事：

有人问三个砌砖的工人："你们在做什么？"

第一个工人没好气地说："你没看见吗？砌墙呀！"

第二个工人有气无力地嘟咕："我正在做一项每小时 9 美元的工作。"

第三个工人此时正哼着小曲，他满心欢喜地对询问者说："我正在建造这个世界上最伟大的教堂呢。"

同样的工作，不同的人却给出了不同的答案。最关键的差别，是他们对待工作的心态。第一个人根本不喜欢砌墙的工作，带着厌倦的情绪，这样的人必然不会有所成就；第二个人是为了薪水而工作，他只会用力地做完事，但仍不会有太大的成就；而第三个人才是真正用心工作的人，虽然他现在是在砌墙，但他的梦想和热情绝不仅仅停留于此，他将来的成就要伟大得多。

说到底，如何看待人生，由我们自己决定。纳粹德国某集中营的一位幸存者维克托·弗兰克尔说过："在任何特定的环境中，人们还有一种最后的自由，就是选择自己的态度。"一个人能飞多高，正取决于他自己的心态。

拿破仑·希尔告诉我们，我们怎样对待生活，生活就怎样对待我们；我们怎样对待别人，别人就怎样对待我们；我们对待一项工作的心态就决定了最后将有多大的成功，这比任何其他因素都重要。

心态在一定程度上决定着做事的效果。只要敢想敢做，你就会发现自己原来并非一无是处，而是有很多优点。而之前那些你认为难办的事，也往往会迎刃而解。当你拥有了积极自信的心态，这个世界上就没有任何人能够改变你或打败你，除了你自己。

相反，那些持消极心态的人从不可能取得持续的成功。即使他们碰运气能取得暂时的成功，那成功也是昙花一现，转瞬即逝。

哈佛大学医学院曾进行过 104 项科学研究工作，研究对象达 1.5 万人。研究结果证明，乐观能帮助你变得更幸福，更健康，并且更容易获得成功；而悲观呢？正好相反，能导致你绝望、罹患疾病和步入失败。心理学家克雷格·安德森教授说："如果我们能引导人们更乐观地去思考，这就好比为他们注射了防止精神疾病的预防针。"你的才能当然重要，但相信自己必定能成功的想法，常常是决定成败的关键因素。

哈佛大学教育学院教授克莱里·萨弗指出："如果你能改变你的思想，从悲观走向乐观，你便可以使你的人生改观。"在这方面，拿破仑·希尔曾讲过这样一个故事，相信对每一个人都会有启发：

塞尔玛陪伴丈夫驻扎在一个沙漠的陆军基地里。丈夫奉命到沙漠里去演习，她一个人留在陆军的小铁皮房子里，天气热得受不了。她没有人可谈天，身边只有墨西哥人和印第安人，而他们不会说英语。她非常难过，于是就写信给父母，说要丢开一切回家去。

她父亲的回信只有两行字，却完全改变了她的生活：

"两个人从牢中的铁窗望出去，一个看到泥土，一个却看到了星星。"

塞尔玛一再读这封信，觉得非常惭愧。她决定要在沙漠中找到星星。

塞尔玛开始和当地人交朋友。她对他们的纺织、陶器表示兴趣，他们就把最喜欢但舍不得卖给观光客人的纺织品和陶器送给了她。塞尔玛研究那些引人入迷的仙人掌和各种沙漠植物、物态，又学习有关土拨鼠的知识。她观看沙漠日落，还寻找海螺壳，这些海螺壳是几万年前这沙漠还是海洋时留下来的。原来难以忍受的环境变成了令人兴奋、留连忘返的奇景。

是什么使这位女士内心发生了这么大的转变呢？

沙漠没有改变，印第安人也没有改变，但是塞尔玛的心态改变了。一念之差，使她把原先认为恶劣的情况变为一生中最有意义的冒险。她为发现新世界而兴奋不已。她从自己造的"牢房"里看出去，终于看到了星星。

用心感言

　　每个人的历史都是由自己书写的，时代也好，境遇也罢，这些外界因素不能对你的命运起主导作用。能够决定命运的，只有你自己的心态。不管你现在从事的是怎样的工作，只要你对未来抱有希望，相信自己的人生定会辉煌，在这种积极心态的推动下，你一定可以创造辉煌。

时刻保持积极自信的心态

美国钢铁大王卡耐基说过："一个对自己的内心有完全支配能力的人，对他自己有权获得的任何其他东西也会有支配能力。"当我们开始运用积极自信的心态去做事，并把自己看做成功者时，我们就开始成功了。

拿破仑·希尔曾讲过这样一个影响广泛的故事：一个星期六的早晨，一个牧师正在为第二天的讲道伤脑筋，他一时找不到好的题目。他的太太出去买东西了，外面下着雨，6岁的小儿子偏偏又缠着他要这要那，弄得他更加烦躁。后来他随手拿起一本旧杂志，顺手翻一翻，看到一张色彩鲜丽的巨幅图画，那是一张世界地图。他于是把这一页撕下来，把它撕成碎片，丢到客厅地板上对儿子说："来，我们玩个游戏。你把它拼起来，我就给你两毛五分钱。"儿子高兴地答应了。

牧师心想儿子至少会忙上半天，自己总算可以清静了。谁知不到10分钟，他书房就响起敲门声，他儿子说自己已经拼好了。牧师大吃一惊，不相信居然这么快就拼好了。他赶忙去看，果然，每一片纸头都整整齐齐地排在一起，整张地图又恢复了原状。

"怎么这么快？"牧师不解地问。

"噢，"儿子得意地说，"很简单呀！这张地图的背面有一个人的图画。我先把一张纸放在下面，把人的图画放在上面拼起来，再放一张纸在拼好的图上面，然后翻过来就好了。我想，如果人拼得对，地图也该拼得对才是。"

牧师忍不住笑起来，给他一个两毛五的硬币，"你把明天讲道的题目也给了我了。"他说，"如果一个人是对的，他的世界也是对的。"

我们的人生也是这样：决定我们命运的，不是外在的境况，而是我们自己的心态。所以，如果你不满意自己的状况，想力求改变，就首先应该改变自己，千万不要让消极的情绪缠绕着你。如果你有积极的心态，你四周所有的问题就会迎刃而解。

所有积极自信的人，都能得到很好的成果，理由有很多。这样的人遇到困难时，不会恐惧、慌张。他们有实际而积极的人生观，懂得在任何困难的问题中都能找到解决问题的线索。在他们看来，"困难"是一片肥沃的土壤，能使良好的果实植根于此。

有位业务员去拜访某公司，但他运气似乎不太好，被挡在门外，他只好把名片交给秘书，希望能和董事长见面。秘书看他十分诚恳，便帮他把名片交给董事长。不出所料，董事长不耐烦地把名片丢回去。秘书只得把名片还给站在门外的业务员，业务员不以为然地又把名片递给秘书："没关系，我下次再来拜访，所以还是请董事长留下名片。"

拗不过业务员的坚持，秘书只好硬着头皮，再次走进办公室。没想到董事长这时火了，将名片一撕两半，丢回给秘书。秘书不知所措地愣在当场，董事长更生气了，从口袋里拿出 10 块钱："10 块钱买他一张名片，够了吧！"

不料，当秘书把撕了的名片和钱递还给业务员后，业务员很开心地高声说："请您跟董事长说，10 块钱可以买两张我的名片，我还欠他一张。"随即又掏出一张名片交给秘书。突然，办公室里传来一阵大笑，董事长走了出来，"不跟这样的业务员谈生意，我还找谁谈？"

当我们拥有积极心态时，就算是身处逆境，也能坦然面对困难与挑战，并且积极寻找解决问题的方法，进而在黑暗中也能找出一条路，因为我们从未绝望、从未放弃。

历史上那些卓有成就的伟人，即便在挫折和困境中也保持着旺盛的斗志，积极自信的心态正是他们共有的一个简单的成功秘密。在这方面，美国前总统富兰克林·罗斯福堪称典范。

富兰克林·罗斯福小时候脆弱胆小，脸上总显露着一种惊惧的表情。

如果在课堂上被老师叫起来背诵，他立即会双腿发抖，嘴唇颤动不已，回答得含糊不清。而且，他长得也不好看，有一口龅牙。

罗斯福却没有因此而自伤自怜。他虽然有些缺陷，却保持着积极的心态。他的缺陷促使他更努力地去奋斗，他并没有因为同伴对他的嘲笑而降低了勇气声。他用坚强的意志，咬紧自己的牙床使嘴唇不颤动而克服他的胆怯。

罗斯福看见别的强壮的孩子玩游戏、游泳、骑马、做各种高难度的体育活动时，他也强迫自己去进行类似的活动，使自己变得吃苦耐劳。他看到别的孩子用刚毅的态度对付困难时，自己也就用一种探险的精神，去对付所遇到的可怕的环境。如此，他渐渐变得勇敢起来。当他和别人在一起时，他觉得他喜欢他们，并不愿意回避他们。

由于不断的努力锻炼，他身体健康、富有精力。他利用假期在亚利桑那追赶牛群，在落基山猎熊，在非洲打狮子，使自己变得强壮有力。人们简直无法想像，他就是当年那个怯弱胆小的小孩。他不因自己的缺陷而气馁，甚至加以利用，变为扶梯而爬到成功的巅峰。到后来，已经很少有人知道他曾有严重的缺陷。

就是凭着这种奋斗精神，罗斯福终于成为了一个深受人民爱戴的美国总统。

罗斯福使自己成功的方式非常简单，然而却又非常有效，是每个人都可以做的。这就是：以积极自信的心态去激励自己努力奋斗，直到成功的日子到来。

用心感言

　　一个用心积极思考的人，他的心灵和头脑都生机勃勃。人生旅途上遇到的一切问题，自己都能去面对和解决。因此，谁想收获成功的人生，谁就要当个好农民，为自己播下积极自信的种子，并精心培育，拔去消极的野草，使积极的种子苗壮成长。随着你的行动与心态日渐积极，你就会慢慢获得一种美满人生的感觉。

别把时间浪费在忧虑中

"命运无常"——这是许多人在逆境中最爱感叹的四个字。命运总是变化无常，这话没错，可是命运是好坏，最终还是取决于我们自己。尤其在遭遇挫折或陷入困境时，你是任由忧虑悲观的情绪淹没自己，从而收获一个坏命运，还是抓紧时间继续前行，更加用心地活着，从而扭转命运，这都取决于你自己。

在我们的一生中，要时时保持积极的心态不容易。有些人只是暂时使用积极的心态，当他们遇到了挫折，就失去对它的信心。更可怕的是，他们就此活在忧虑之中，消极悲观成了一种难以克服的习惯。

一个总是消极悲观的人，不但想到外部世界最坏的一面，而且总想到自己最坏的一面。他不敢企求，所以往往收获更少，遇到一个新观念，他的反应往往是：这是行不通的、从前没有这么干过、这风险冒不得、现在条件还不成熟……于是任由机会悄悄溜走。当一个人对自己不抱很大期望时，他就给自己的能力封了顶，成了自己潜能的最大敌人。

对于这样的人，不妨用一位成功企业家的话来奉劝他们："遇到坚硬的岩石时，我们只有拿出比岩石更坚定的意志去克服。"

英国作家萨克雷曾说："生活是一面镜子，你对它笑，它就会对你笑，你对它哭，它也会对你哭。"在积极与消极的不同心态指引下，人们面对同一件事会采取迥然不同的处理方法，导致的结果也大相径庭。

在经济萧条的大背景下，某个行业召开了一次业绩检讨会。当时，这个行业所受的打击尤其大，因此会议一开始，各厂商的士气都很低落。

第一天的会议主题是该行业的现况。许多同行表示，不得不裁掉的员工才能维持企业的生存。结果会后每个人都比会前还要灰心。

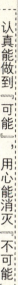

第二天讨论该行业的未来，主题围绕着日后左右其发展的因素。议程结束时，沮丧的气氛又深一层，人人都认为前景还会更加恶化。

到了第三天，大家决定换个角度，着重于积极主动的做法："我们将如何应对？有何策略与计划？如何主动出击？"于是他们早上商讨加强管理与降低成本，下午则筹划如何开拓市场，以脑力激荡方式，找出若干实际可行的途径，再认真讨论。结果为期3天的会议结束时，人人都士气高昂，信心十足。

外在的境况没有变，为什么人的心态却能发生如此大的变化？其实道理很简单：当你任由消极悲观的情绪统治自己时，你的思考方式和方向也将是消极悲观的，你看不到状况有任何改善的可能；而当你把情绪转向积极主动的一面时，你的思考将更有力，也更容易找到解决问题的途径，希望之火也就这样被点燃了。

成功的人从没有时间去考虑失败，更不会自怨自艾，他总是忙着思考通向成功的新的途径。他们的思维就像一个装满水的瓶子，你不可能再倒多余的水进去。

奥里森·马登被公认为美国成功学的奠基人和最伟大的成功励志导师、成功学之父，他的一生历尽坎坷。马登年轻的时候，曾经在芝加哥创办一份教导人们如何成功的杂志。创刊初期他没有足够的资金，所以只好和印刷工厂合作。后来这本杂志在市场十分受到欢迎，畅销数百万册。

然而，他却没有注意到他的成功对其他出版社已造成威胁。而且在他完全不知情的状况下，一家出版社买走了他合伙人的股份，并接收了这份杂志的出版权。当时他是以一种感到非常耻辱的心态，辞去了他那份对其充满兴趣的工作。

这次挫折对马登的打击很大，但他并没有因此抱怨悲观。他冷静分析了失败的原因，认为自己忽略了和人融洽相处与合作这一点，常因为一些出版方面的小事而和合伙人争吵。当机会出现在他面前时，他并没有掌握住它。他的自私和自负，应该要对这次失败负不少责任，而且他在业务上不够谨慎以及说话语气太过强硬，也都是造成他失败的原因。

马登从这次失败中找到了使他成长的种子，让他的事业得以重新萌芽、茁壮。后来，他离开芝加哥前往纽约，在那里他又创办了一份杂志。为了要达到完全控制业务的目的，他必须激励其他只出资、但没有实权的合伙人共同努力。他同样必须谨慎地拟定他的营业计划，因为现在他只能靠他自己了。

不到一年的时间，这份杂志的发行量，就比之前那份杂志多了两倍。其中一项获利来源，是他所想出来的一系列函授课程，而这一系列的函授课程，就成了他创刊号的杂志里成功学主题所刊载的篇目。

当马登离开在芝加哥的事业时，曾经一度处在彷徨阶段，但他在最短的时间内摆脱忧虑，恢复了积极的心态。他的积极主动，使他在失败中找到了前进的方法，终于圆了人生最大的梦想。

用心感言

　　人生苦短，整天泡在忧虑和悲观中的人是愚蠢的，其行为无异于慢性自杀。我们必须记住：在这个世界上，没有绝望的处境，只有对处境绝望的人。要改变你的处境，必须先改变你的心境。

 ## 机遇只青睐用心的人

许多人时常抱怨，幸运和机遇从没有敲过他们的大门。有的人会说，他们之所以失败，是因为没有机遇，没有人帮助、提拔他们；他们还会说，优秀的人太多了，高等的职位已被别人占据，一切好的机遇都已被别人捷足先登，所以他们毫无机遇了。然而，事实真的如此吗？

机遇对于每一个人而言其实都是平等的，只不过并不是每个人都能把握住机遇，获得机遇的青睐。因为，上天从来不会把机遇白白地送给任何一个人，获得机遇需要付出用心。

巴斯德说："机遇只钟爱那些有准备的人，如果你没有飞翔的翅膀，十次幸运鸟飞临，也会像流星似的在你面前转瞬即逝；而你若时刻准备着，即使九次落空，只要一次机会出现，你就是成功者。"

在大多数情况下，由于你没有用心而迟于行动，当机遇来临时根本没有留意，从而与其失之交臂。要知道，机遇会在大意中流失，在懒惰中消散。相反，用心的人会在工作中付出行动和努力，从而抓住机遇，紧握幸运女神的双手。

有这样一个"幸运"女孩的故事：

一天，一家大公司要招聘会计人员，收到了大量的求职简历。经过初步筛选，公司约了40位应聘者到公司进行面试。最终，一位其貌不扬的女孩被录用了。相对于其他应聘者，这位女孩看不出有什么特别之处，甚至有些条件还不是非常符合公司的要求，所以在主管把她介绍给同事后，一位同事告诉她说，你非常幸运，像你这样的条件，公司一般是不会录用的。

就这样，这位女孩带着"幸运"在公司工作了两年。直到有一天，董事长的秘书因为怀孕休了产假，她的工作需要立刻有人接手。公司里的人都知道，董事长脾气不好，而且有不少的个人习惯，一般的秘书很难适应他，所以大家认为可能得过一段时间，才能定下来秘书的人选。结果没想到，人事部很快发布委任令，选中那位"幸运"的女孩接任秘书。于是，大家都再一次认为，这女孩真够幸运的。

但是，这位女孩的"幸运"并没有到此结束。由于公司与国外许多公司进行合作，经常会和外国公司的高级主管接触，其中有一位华侨，是公司非常重要的合作公司的高级主管。这位华侨中文讲得很流利，每次到中国时，都喜欢下国际象棋消遣，刚巧公司又只有这位女孩会下国际象棋，于是两人在工作中认识，在棋艺交流中渐渐滋生情愫，最后缔结良缘，之后她自然更加受到公司的重视。

在婚礼上，同事们实在按捺不住，想请女孩稍微透露一下联络幸运之神的秘诀。新娘子微笑地告诉大家，根本就不存在所谓的幸运。她说："我的一切都来自于我的用心和努力。在当初去公司应聘的那一天，我早早地就到了公司，在大家没有上班之前就在门口等待。之所以这么做，是因为我不知道公司担任面试的主管是谁，如果我面试之前和到公司上班的所有员工们亲切地打声招呼，而这里面一定也有主管人员在内，这样我便能让他们建立起对我的好印象。我问候的对象也包括了你们在内，但你们也许不记得了。"

同事们试着回想当时的情景，感觉是有那么回事，但却说："你故意这么做，不见得保证就会被录用啊。我们还是觉得，你幸运的成分多。"

女孩一笑，继续说："我当初接到面试通知后，就马上就去查阅公司的资料，包括成立背景、经营团队、财务状况、产品走向、市场布局以及最新的新闻等，以做充分的了解。这样一来，当其他面试者还在关心能否通过面试时，我已经做好了随时可以上班的准备，这自然能提高我被录用的机会。我之所以能接任秘书，也不是我比别人幸运，而是平时我花了很多的心力去观察、记录公司中每一个重要人物的工作态度和工作流程。我知道前任秘书每天早上会替董事长泡一杯咖啡，加两块糖和一匙鲜奶油。到了下午两点，换成薰衣草茶包，一定要是法国原装进口的才行。如果董事长情绪不好，递上一条冰毛巾是绝对不能稍有迟缓的。"

听到这里，众人已经明白了："照这么说来，你有可能不是原来就会下国际象棋的，而是临时突击学会的，对不对？"

女孩又是一笑："当他第一次来公司的时候，我注意到他有空时会一个人下国际象棋，这引起了我的好奇。后来，当他第二次来的时候，我对国际象棋已经了解了不少，在下过几次棋之后我们变成了好朋友。不过当时我只是想通过这样的方式增进工作交往上的融洽，没有对他存有男女感情的妄想。如果说这整个过程中有属于你们所谓的幸运的部分，大概就是指他对我的爱情了。但我也必须说我的幸运来自于我的努力和我的用心，当我越努力越用心时，也就越幸运。"

越努力越用心，就越有可能得到机遇的青睐，这不仅是这位"幸运"

女孩的成功秘诀，也是所有成功者的秘诀。

用心感言

　　人生的赢家与输家之间的距离，并不像一道巨大的鸿沟，区别只在于你是否愿意付出一点用心和努力。不管是工作还是生活，有许多事情值得我们去努力和用心地做好。只有不断地付出努力，不断地用心做事，幸运与机遇才会接踵而至。

第六章

认真能执行到位，用心才能创出新意

用心，才能不同凡"想"

　　在我们的身边，并不缺少工作认真卖力的人。对于每一件工作，他们都能按照预期的完成到位。他们的态度值得肯定，也对得起付给他们的薪水，但你不能从他们那里得到更多；他们只是完成了该完成的事，你永远不能从他们那里得到任何惊喜，因为他们不愿意或不敢尝试用新的方法做事，总是在原地打转，没有任何新的突破。

　　能够改变世界的人，总是这样的人：他们不仅工作认真，更用心去尝试以不同的角度看世界，发挥自己的创造力，走出一条别人从未走过的大道。这样的人，往往被称为"天才"。历史上的那些发明家、先驱者，比如爱迪生、福特、比尔·盖茨以及新近去世的苹果前掌门史蒂夫·乔布斯，都是这样的天才。

　　乔布斯告诉人们，领袖和跟风者的区别就在于创新，"创新无极限！只要敢想，没有什么不可能，立即跳出思维的框框吧。如果你正处于一个上升的朝阳行业，那么尝试去寻找更有效的解决方案：更招消费者喜爱、更简洁的商业模式。"于是在他的领导推动下，就有了一系列改变世界的创新产品：iMac、ipod、iphone、ipad……

　　在这个以新求胜、以新求发展的社会，员工创新力的高低，很大程度上决定着公司竞争力的高低。作为企业的员工，你务必用心打破旧有思维的条条框框，学会"统圈子"走路；创新的智慧会让你得出独到的见解，这将有助于你征服老板的心。

　　其实每个人的潜意识里都有创新的意识，只是我们需要用心才能激活这个精灵。比如前边提到的洛克菲勒改良焊接机的故事，正因为洛克菲勒用心注意每一个普通的细节，能见别人所未见，才能想别人所未想，从而完成创造。

1972 年，美国民主党大会提名麦高文竞选总统，对手是共和党的尼克松。但后来，麦高文宣布放弃他的副总统竞选伙伴参议员伊哥顿。在一般人眼里，这只是一个普普通通的政治决定，但一个 16 岁的年轻人却用心发现了一个难得的机会。他立刻以 5 美分的价格买下了全场 5000 个已经没用的麦高文及伊哥顿的竞选徽章及贴纸。然后，他以稀有的政治纪念品为名，立刻又以每个 25 美元的价格兜售这些产品，小赚了一笔。

就是这样的用心态度，使得这个年轻人日后能看到其他人没有看到的机会，创立了一个改变世界的大公司。这个年轻人，就是比尔·盖茨。

如果你以为，那些成功创新的人，一定都是绝顶聪明的人，那你就错了。事实上，大部分的事业突破，都是一般人在现有心智模式下产生的。关键不在于你够不够聪明，而在于你的态度：你是否真的用心，是否愿意抓住机会而善加利用。

比如，大多数人都对麦当劳的创立人雷蒙·克罗克的名字耳熟能详，但实际上，克罗克并不是最先创立麦当劳的人。麦当劳最先由麦当劳兄弟所创立，但是他们未能预见麦当劳的发展潜力，因此他们将麦当劳的观念、品牌以及汉堡等产品，卖给从事销售工作的克罗克，让他继续经营。

克罗克以独特的行销策略，将麦当劳以连锁店的形态推广至全世界，变成今天规模数十亿美元的庞大企业。克罗克的成功，就在于他比麦当劳兄弟更用心去激活创新机制，他抓住了麦当劳兄弟原先忽略的机会，改变原有的经营模式，因而创造了自己事业生涯上的突破。

创新的突破也往往与艰深的知识和技术无关，它更有可能来自常识。一些看起来很普通的东西，只要用心去看，寻找更简单、更容易、更有效率的做事方法，就可以创造突破。事实上，有很多影响人类生活的发明，例如微波炉、圆珠笔等产品，都不是专业人士的杰作，而是一些普通人的神来之笔。

圣地亚哥的伊科特兹旅馆就是个很好的例子，该旅馆是将电梯建在饭店外的首创者。其创意源于这样一件事情：由于旅馆内只有一部电梯，早已不敷使用，因此旅馆决定再建一部电梯，并召集工程师与建筑师讨论解决方法。讨论的结果是，他们决定将旅馆由底部到顶楼开一个洞。当这些专家在大厅热烈讨论这些问题时，旅馆的一位警卫加入他们的对话。

"请问你们要做什么？"警卫问那些专家。其中一个专家回答了他的问题。于是警卫提出质疑："这会让整个旅馆一团混乱，到处都充满灰尘、砖块等。"

专家回答："这不是问题，因为施工期间会关闭旅馆，不会有人受到干扰。"

"可是这会花费过多成本，而且很多人在施工期间会失去工作。"警卫说。

一位工程师开始有点不耐烦了，他以嘲讽的语气反问："难道你有其他更好的想法吗？"

警卫稍微想了一下，说道："为什么不在旅馆外建个电梯？"

一个新奇绝妙的点子就这样想出来了。这就是伊科特兹建筑特色的发展起源，它从此成为今日全球非常受欢迎的建筑形式。其创意并非源于高超的建筑专业技术，而来自一位普通人的用心思考。用心思考，才使他突破了惯常的专业模式，找到与众不同的创意。

用心感言

　　如果你愿意用心去看，你会发现创意无处不在，无时不有，你的创新智慧也在随时等待被你激活。创新能力的真正来源并不是知识或技术，而是你的心灵——你要有对未知事物的强烈好奇心，你还得有善于发现机会的敏锐的心。要知道，乔布斯并不是一个技术人才，但他在技术上的创新成果却无与伦比，关键就在于他比任何人都用心。

让思想冲破牢笼

当我们面临新情况新问题而需要开拓创新的时候，阻碍我们成功的往往不是不知道的事，而是一些司空见惯的事情，自身固有的观念、前人的经验、世俗的眼光，这一切都会成为牢笼禁锢我们的思想，让我们不敢跨出一步。《国际歌》中有一句歌词："让思想冲破牢笼"。成功、创新首先要做的就是拿出打破一切思想牢笼的勇气。

这里有个小故事：坎贝尔做过修锁匠，他有一手绝活，能在短时间内打开无论多么复杂的锁，从未失手。他曾夸口说，在 1 个小时之内，他可以从任何锁中挣脱出来，条件是让他带着特制的工具进去。

有一个小镇的居民，决定打击坎贝尔的气焰，有意让他难堪一回。他们特别打制了一个坚固的铁牢，配上一把看上去非常复杂的大锁，请坎贝尔来看看能否从这里出去。

坎贝尔想都没想就接受了这个挑战。走进铁牢后，坎贝尔取出自己特制的工具，开始工作。半小时过去了，坎贝尔用耳朵紧贴着锁，专注地工作着。45 分钟、1 个小时过去了，坎贝尔没有像他先前所说的那样能从锁中挣脱出来，相反，他的头上开始冒汗，因为他从来没有如此狼狈过。

两个小时过去了，坎贝尔依旧没有打开这把锁。他筋疲力尽地将身体靠在门上坐下来，结果牢门却顺势而开。这是怎么回事？原来，小镇居民根本没有将这个牢门上锁，那把看似很厉害的锁也只是一个摆设而已。

就这样，小镇居民成功地捉弄了自负的坎贝尔。

坎贝尔为什么被小镇居民捉弄？就在于他只想到那把看上去非常复杂的锁。他惯常的思维告诉他，只要是锁，就一定是锁上的。其实，门没有上锁，只是坎贝尔的大脑上了锁。

日本著名系统工程学者系川英夫曾经历过这样的事：他对有带儿的手表感到厌烦，就找到一家手表厂要求厂家为他特制一种无带儿手表。厂家冷淡地对他说："这是不可能的。"系川英夫不甘心，自己对手表进行了改进，制成了无带儿的别针表。这种表别在领带上，非常方便。

为了使夹在讲稿、文件上的表的表针与表把儿不至于重叠，系川英夫想把表把儿装在9点的位置，为此，他又去找那家手表厂帮忙。手表厂的回答仍很冷淡："造不了。"系川英夫决定自己想办法，他卸下表盘，发现表盘只有两个小卡子固定，只需卸下卡子，将表盘旋转半周，即可将表把儿稳定在9点之处。于是系川英夫很容易地就制成了完美的别针表，并申请了专利。

这时，两次拒绝系川英夫要求的手表厂跑来要求转让专利权，系川英夫意味深长地说："我找了你们两次，你们都说不行。说了不行的地方，恐怕还是不行吧。"

确实，老是在思想的牢笼里打转转的人，即便面对创新机会，也只会说"不行"。而对于一心寻求创新突破的人而言，最不愿意轻易说出口的话也正是——"不行"。系川英夫是这样的人，当年的美国人尤伯罗斯也是这样的人。

奥运会能为举办国带来巨额收益，现在看来是顺理成章的事，但在第23届洛杉矶奥运会以前，各届运动会都是亏本买卖，主办国均为此付出了高昂的经济代价。那么，这种巨大的转变是怎么发生的呢？

1984年，国际奥委会决定在美国洛杉矶举办第23届奥运会，美国政府和洛杉矶政府得悉这一消息后表示不予经济援助，但又不愿放弃这一机会。正在两难之际，美国第一旅游公司副董事长、40岁的尤伯罗斯挺身而出，表示愿意接手，自筹资金，不要政府一分钱，非但如此还夸下海口："我个人承办这次奥运会，要净赚2亿美元。"当时别人都认为他是疯了，只有他胸有成竹。

为什么尤伯罗斯会这么有底气呢？因为在他那里，一个出色的创意已

188

经了然于胸。当有140多个国家和地区参加的洛杉矶奥运会落下帷幕后，尤伯罗斯实现了被认为"不可能"的诺言，不但圆满举办了奥运会，还超额完成了任务，净赚了2.5亿美元。尤伯罗斯做了些什么呢？

首先，尤伯罗斯扭转了过分强调奥运会政治功能和体育功能而忽略经济功能的固有思想，这是他取胜的关键。

其次，尤伯罗斯抓住人性中"物以稀为贵"的观念，做出了一个惊人的决定：限制赞助单位数量，同行业只选一家。这个决定意味着能成为赞助单位的企业，其产品也能在同行业中独占整头。如此一来，各大企业争相报名，有些行业的竞争更趋白热化。

尤伯罗斯还广开财源，延长火炬传递路程，让那些想过传递火炬瘾又乐意出资的人也能持炬走一段。此外，他还把本次奥运会会徽、会标、吉祥物等作为专利，出售给那些想以此做广告资料的人。

由于尤伯罗斯策划奇方，经营有术，组织得力，创造了世界奥运史上的一个奇迹，也为后续者开拓了一条阳光大道。

尤伯罗斯采取的手段，即使在当时来看也算稀松平常，但由于他敢于打破奥运会只能赔钱不赚钱的思想限制，因而才变平凡为超凡。那些被思想的牢笼所限制，不敢跨出一步的人，永远不会有这种成功的机会。

用心感言

工作认真努力是远远不够的，成功者往往是那些用心摆脱条条框框的束缚、在工作中有所突破的人。他们有敢为天下先的勇气，因而能发现意想不到的机会。而甘于在思想牢笼里沉睡的人，即便他有狮子般的能力，也只能过着芸芸众生的生活。

打破思维的定势

有一个乞丐，每天向上帝祈求，希望能改变自己的命运。上帝被他的诚意感动，就化作一个老翁来点化他。他问乞丐："假如我给你1000元钱，你打算怎么用它？"乞丐回答说："这太好了，我就可以买一部手机呀！"上帝不解，问他为什么。"我可以同城市的各个地区联系，哪里人多我就去哪里乞讨。"乞丐回答说。

上帝很失望，又问："假如我给你10万元钱呢？"乞丐说："那我可以买一部车。这样我以后再出来乞讨就方便了，再远的地方也可以迅速赶到。"

上帝很悲哀，这次他狠了狠心说："假如我给你1000万元呢？"乞丐听罢，眼里闪着亮光说："太好了，我可以把这个城市最繁华的地区全买下来！"上帝挺高兴，看来这乞丐终于开窍了。

这时乞丐突然补充了一句："到那时，我可以把我领地里的其他乞丐都撵走，不让他们抢我的饭碗！"

这个故事告诉我们：一个人如果拒绝改变他的思维定势，连上帝都救不了他。

在我们的工作中，大多数人就像那个"一根筋"的乞丐那样，总是自觉不自觉地沿着以往熟悉的方向和路径进行思考，而不会另辟新路，这就是思维定势。那么，思维定势是怎样形成的呢？我们来看这样一个例子：

在澳大利亚，一位牧场主为了管住牛群不走失，就用电网把牧场围起来。他只给电网通了10天电，就把闸拉下了，然而牧场中的牛群一年都没敢靠近电网。难道那些牛真的那么"乖"，一点儿也不想跑掉？

其实，牛和人一样渴望自由。在那 10 天中，所有的牛都接触过电网，当然也遭受了电击。于是，通过多次接触，由于条件反射的作用，牛的头脑中就有了这样一种"思维"：那是个可怕的东西，千万不能再碰它。牛习以为常，就再也不敢接触电网了。这就是一种思维定势。

思维一旦形成定势，就会给我们的大脑套上枷锁，禁锢我们的创新思维。思维定势的力量非常强大，不论你的头脑多么聪明，知识多么渊博，有时候也不免会受到它的"暗算"。

阿西莫夫是世界著名的科幻作家，他从小就很聪明，智商测试得分总在 160 分左右，可以说是个天才。有一次，他遇到一位熟悉的汽车修理工。修理工对阿西莫夫说："嘿，博士，我给你出一道题，看你能不能答出来。"阿西莫夫点头同意，修理工便开始说他的问题："一位聋哑人想买几根钉子，就对售货员做了这样一个手势：左手食指立在柜台上，右手握拳做出敲击的样子。售货员见状，拿来一把锤子，聋哑人摇摇头，于是售货员明白了——他想买钉子。聋哑人走后又来了一位盲人，他想买一把剪刀，请问，他会怎么做呢？"

阿西莫夫立即不假思索地回答："他肯定会这样——"他伸出食指和中指，做出剪刀的形状。汽车修理工听了阿西莫夫的回答，开心地笑起来："哈哈！答错了吧！盲人想买剪刀，只要开口说'我要剪刀'就行了，干吗做手势呀？"修理工接着说："其实在问你之前我就知道你肯定答不对，因为你所受的教育太多了，不可能很聪明。"

可想而知，阿西莫夫是多么的懊恼。他被人捉弄，不是真的不够聪明，而是因为太"聪明"了，以至于掉进了思维定势的陷阱而不自知。他仍然不知不觉地按照聋哑人的方式去思考手势，却没有想到聋哑人换成了盲人，方式自然也应该有所转变。

思维定势的力量虽然强大，但要让自己的人生有所突破，却非得用心发现和打破思维定势不可。不难想像，如果电网中的牛打破它们的"思维定势"，在 10 天以后再去碰一碰那所谓的可怕的东西，那么，它们就会获得自由。由此可见，打破思维定势是非常必要的。动物既是如此，那么人作为万物之灵，不是更应该如此吗？

有句著名的格言说："开锁不能总用钥匙，解决问题不能总靠常规的方法。"在工作中要敢于打破常规的想法，摆脱束缚思维的固有模式。很多时候，如果思想上有所突破，不被无谓的传统、习惯羁绊，往往会得到出人意外的惊喜。

日本的东芝电器曾经在1952年的时候积压了大量的电扇，7万多名职工为了打开销路，搜肠刮肚地想了很多办法，但却都是毫无起色。

有一天，一个小职员灵光一闪，想到：何不改变电扇的颜色呢？当时，全世界的电扇都是黑色的，没有人想到电扇也可以做成其他颜色。小职员的想法遭到了一些人的反对，认为这违背了消费者的心理习惯，恐怕会有反效果。但这一建议引起了东芝董事长的重视，经过研究，公司采纳了这个建议。

第二年夏天，东芝推出了一批浅蓝色的电扇，在市场上掀起了一阵抢购热潮，几个月之内就卖出了几十万台。从此以后，在日本乃至全世界，电扇都不再是一副黑色的面孔了。

看看，打破思维定势有时候是多么的容易！只要你不怕"触电"，肯用心跨出第一步，一切都将有所改观。

用心感言

　　当你遇到难题的时候，请不要陷在定势思维的泥沼中浪费时间和精力，不妨换一个角度，换一个立场来看待问题，也许你会少走很多弯路，得到意想不到的收获。

把创新当成一种习惯

在美国硅谷，有一个价值观得到普遍的推崇，这就是："允许失败，但不允许不创新。"从根本上来说，人类的本性总是喜欢新奇的东西，只有创新，才能吸引人。创新不仅是一种策略，也是一种基本需要。

在日新月异的发展潮流中，创新成了一个企业和公司的生命线。优秀的领导者总是热情地鼓励员工尝试和冒险，积极支持员工的创新思想和创新行动，同时又能宽容地对待失败，甚至鼓励犯错误，以保护员工创新的热情和积极性。

当然，创新并不是一劳永逸的事情。今天的创新，很可能就会成为明天被超越的对象，亚马逊的总裁贝索斯说："没有一项科技能够保持永久的领先地位，同样没有一项创新可以使你保持永久的优势。"要保持竞争力，必须长久而持续地挖掘新的创新点，把创新当做一种习惯。

世界上很多伟大公司和人物的成就正是来自持续不断的创新，美国的苹果公司及其创始人史蒂夫·乔布斯就是其中耀眼的巨星。

乔布斯终年仅仅56岁，可谓英年早逝，但就是这位拥有相对短暂一生的人，以其非凡的创造力与智慧，使世界多数人的生活方式发生了改变。

乔布斯的秘密武器，就在于他具有一种敏锐的感觉和能力，能用心体察普通消费者者的需求，并通过创新将技术转化为普通消费者所渴望的东西。

乔布斯的一生都与"创新"一词紧密相连。尽管从最初对技术的一无所知变成亿万富翁，但乔布斯做事情的热情始终未变，他对创新一直有一种执著和热情。在他的领导下，苹果也成为一家具有创新精神的伟大公司。波士顿咨询服务公司曾调查了全球各行业的 940 名高管，其中有 25% 的人认为苹果是全球最具创新精神的企业。

早在 1984 年，乔布斯就以苹果公司的第一台世界知名个人电脑——麦金塔计算机，开始了图形用户界面在个人电脑中的广泛应用，而日后风靡世界的 Windows 系统无疑从中借鉴良多。

1995 年，乔布斯的皮克斯工作室制作的世界首部完全电脑技术动画电影《玩具总动员》，再次引领了 3D 动画领域的新潮流。

1997 年，乔布斯回到了他亲手创立的苹果，当时的苹果公司已经岌岌可危，市值不到 40 亿美元。乔布斯回到苹果做的第一件事情，是重新塑造了苹果的设计文化，推出了 iMac。1998 年 6 月上市的 iMac 拥有半透明的、果冻般圆润的蓝色机身，迅速成为一种时尚象征，让苹果电脑重新成为"酷品牌"的代表。在之后 3 年内，它一共售出了 500 多万台。

随着个人电脑业务的严峻形势，乔布斯毅然决定将苹果从单一的电脑硬件厂商向数字音乐领域多元化出击，于 2001 年推出了个人数字音乐播放器 iPod。到 2005 年下半年，苹果公司已经销售出去 2200 万个 iPod 数字音乐播放器。

在 iPod 推出后不到一年半，苹果的 iTunes 音乐店也于 2003 年 4 月开张。这是苹果历史上最具革命性创新的产品。起初的时候，iTunes 只是一个和 iPod 相匹配的音乐管理平台。如今，它是苹果终端的管理平台，无论是 iPod、iPhone 还是 iPad，都是通过 iTunes 来管理的。iTunes 是苹果的创新枢纽。可以说，没有 iTunes 的出现，就没有 iPhone 和 iPad 这样革命性的产品出现。

iTunes 的出现意味着苹果转型的开始。随着 iTunes 的出现，苹果公司得以进入音乐市场，它不仅仅是靠卖产品赚钱，还可以通过卖音乐来卖钱。短短 3 年内，iPod 和 iTunes 组合为苹果公司创收近 100 亿美元，几乎占到公司总收入的一半。

iTunes 受到了来自用户、合作伙伴的广泛支持。因为 iTunes 的存在，能够让更多人更方便地下载和整理音乐，从而大大促进了 iPod 的销售，并让 iPod 和其它音乐播放器区分开来，短时间之内占领了近 90% 的市场。那些唱片公司也欢迎 iTunes 的出现，在 iTunes 出现之前，唱片公司对于泛滥成灾的音乐盗版无能为力，iTunes 让他们觉得看到了盈利的可能性。当然最高兴的是苹果公司，它通过卖 iPod 赚硬件的钱，再通过 iTunes 赚音乐的钱。

就这样，通过 iPod 和 iTunes 音乐店，苹果改写了 PC、消费电子、音乐这 3 个产业的游戏规则。

2007 年，苹果公司发布 iPhone，掀起了一场手机革命。除了产品设计本身的创新之外，苹果公司还沿用了 iTunes 在 iPod 上的引用，在 2008 年推出了 App Store，并和 iTunes 无缝对接。iPhone App Store 的组合，为苹果赋予了主导地位，引领了手机革命。迄今为止，苹果已经出售了超过 5000 万部 iPhone，而 App Store 的程序总量也已经超过 20 万款，总下载量约为 30 亿次。和 iPod 颠覆了音乐产业一样，iPhone 也成功地颠覆了手机产业。

2010 年初，苹果又推出 iPad。这款新产品采用了和 iPhone 同样的操作系统，外观也像一个放大版的 iPhone，在应用软件方面也沿用了 iPhone App Store 的模式。这款产品重新定义了 PC，改变了 PC 产业，并被公认为会颠覆未来的出版行业。

2010 年 5 月 26 日，美国发生了一件大事。那一天，苹果公司以 2213.6 亿美元的市值，一举超越了微软公司，成为全球最具价值的科技公司。但苹果公司并没有因此停下脚步。北京时间 2011 年 8 月 11 日，苹果正式超越埃克森美孚，成为全球最有价值的上市公司，迎来其巅峰时刻。

仅仅是 8 年以前的 2003 年初，苹果公司的市值也不过 60 亿美元左右。一家大公司，在短短 8 年之内，市值增加了 50 多倍，这可以说是一个企业史上的奇迹。这一切，很大程度上就归功于乔布斯永不停歇的创新精神。

乔布斯留给世界的，不仅是"苹果"这家驰名全球的企业创造的一段现代商业奇迹；也不仅是一段个人奋斗的传奇历史。乔布斯留给世人最宝贵的遗产，在于一种信念：生命不息，创新不止。

拿破仑·希尔说，创新是力量、自由及幸福的源泉。老老实实干活、循规蹈矩，这样你也许不会犯错误，但你也不会有创造力，更不可能有新的突破和发展。这世界没有一成不变的东西，生活是如此，工作也是如此，满足于现状只会被淘汰。如果你学会把创新当成一种习惯，你也就拥有了持久的竞争力。

不要过分信赖经验

一般认为，经历越丰富，经验就越足，做起事来也就越得心应手。因此许多企业在招聘人员时，往往会看重他们的相关工作经验，许多刚毕业的大学生根本不在考虑范围内。那么，这样的做法是否合适呢？答案是：未必。

经验确实有用，可以让我们少走很多弯路，特别是一些技术和管理方面的工作，非要有丰富的经验不可：老司机比新司机能更好地应付各种路况；老会计比新会计能更熟练地处理复杂的账目。但是经验不一定是事实，更不一定是规律，所以，它很难保证每次都有用。比如古代有"按图索骥"的故事，一个人要找马，结果找到的是蛤蟆，这就是过分依赖别人的经验的后果。

有个小故事：一个小女孩看着妈妈在做饭，好奇地问妈妈："为什么你每次煎鱼都要把鱼头和鱼尾切下来，另外煎呢？"

妈妈可被问傻眼了，回答说："因为我从小看见你的外婆都是这么做的。"

于是妈妈就打电话问她的母亲，这才知道原因：原来过去家里的锅太小，无法放下整条鱼，所以她的母亲才把鱼的头和尾切下来另外煎。

锅已经变大了，却仍然用老方法煎鱼，这就是受到经验的误导。经验是相对稳定性的东西，但我们周围的世界时时在变，处处在变，人人在变。靠着一成不变的经验来应对日新月异的现实，不仅对工作的进展无裨益，甚至有可能会适得其反。

人们对经验有过分依赖乃至崇拜，形成固定的思维模式，结果就会削弱头脑的想像力，造成创新思维能力的下降。从思维的角度来说，经验具有很大的狭隘性，束缚了思维的广度。

从这个意义上说，年轻人工作经验不足并不全是一件坏事。恰恰相反，经验的欠缺让他们能够自由激发创新活力，取得意想不到的突破。

20 世纪中期，美国和前苏联都已具备了把火箭送上太空的条件，相比之下，美国在这方面的实力比前苏联强。但双方都有一个瓶颈突破不了：火箭的推力不够，摆脱不了地心的引力。为了解决这个问题，当时美国和前苏联双方的专家都是根据自身长时间以来的实践经验，尽量增加所串联的火箭数量，以不断增强推动力。但是尽管火箭的数量增加了不少，问题还是解决不了。

让人想不到的是，最后解决这个难题的是前苏联的一位青年科学家。他摆脱了不断增加串联火箭的经验做法，提出了一个新的设想：只串联上面的两个火箭，下面的火箭改为 20 个发动机并联，结果这个方法取得了成功，从而使前苏联抢在了美国之前，于 1957 年首先将人造卫星送上了太空。

这个年轻人能够成功解决一个长时间困扰成百上千专家的技术难题，很重要的一个原因就是因为他没有受到太多"经验"的束缚，敢于大胆创新。从这里我们也看到，虽然年轻人缺乏足够的经验，但也正因为如此，年轻人不会受太多经验的束缚，迸发出更多的创意。

所以，在我们不断增长经验的时候，为了寻求创新，我们除了要以变应变之外，还要经常问问自己：这件事情如果不按经验应该怎么做呢？还有没有更好的解决方法呢？就算我们的经验适用于当前的情况，也要问自己这个问题。我们必须有意识地给自己施加压力，才能真正摆脱经验的思维定势，实现创新。

20 世纪 70 年代初，本田摩托在美国市场卖得正火，本田宗一郎却突然提出了"东南亚经营战略"，倡议开发东南亚市场。此时东南亚因经济刚刚起步，生活水平较低，摩托车还是人们敬而远之的高档消费品，按照经验，这样的市场根本不值得考虑。许多人对本田宗一郎的倡议迷惑不解。

但本田意志坚定，他拿出一份详尽的调查报告解释说："根据观察，美国经济即将进入新一轮衰退，摩托车市场的低潮即将来临。如果只盯住美国市场，一有风吹草动，我们就会损失惨重。而东南亚经济虽相对落后，但处在上升期，已经开始腾飞，市场大有潜力可挖。而且，只有未雨绸缪，才能处乱不惊。"

一年半后，美国经济果然急转直下，许多企业产品滞销，库存剧增。而在东南亚，摩托车开始走俏。本田公司因为已提前一年实行创品牌、提高知名度的经营战略，此时便如鱼得水，公司非但未遭损失，还刷新了销售额记录。

本田公司成功的战略转移，正是得益于其领导人本田宗一郎的远见卓识。他没有盲目依赖经验，而是用心观察形势，注意到了美国经济衰退和东南亚经济腾飞的潜在变化，从而改变经验做法，开拓新的领域，最终取得了成功。

认真做 只能合格，用心做 才能优秀
Ren Zhen Zuo Zhi Neng He Ge, Yong Xin Zuo Cai Neng You Xiu

用心感言

许多时候，经验并不可靠，用心办事才最可靠。用心办事，就是从活生生的现实出发而不是从经验出发，多问问经验是否行得通，这才能摆脱经验的束缚，提高自己的创新能力。

没有牢不可破的常规

我们做事都有一定的方法和规律。这规律通常是不变的，就是所谓的常规。按常规办事，用不着花多大心思，也不会犯错——当然，这是指在一般情况下。我们生活和工作总是有意外，意外的情况再用常规的处理方法，就难免会遭遇失败。

事实上，创造的方向是灵活多变的。很多时候，多用一点儿心，打破常规才能出奇制胜。

体育史上有这样一个经典战例：在一次欧洲篮球锦标赛上，保加利亚队与捷克斯洛伐克队相遇。当比赛剩下 8 秒钟时，保加利亚队以 2 分优势领先，一般来说这已稳操胜券。但是，那次锦标赛采用的是循环制，按小分计算，保加利亚队必须赢球超过 5 分才能确保出线。可是要用仅剩的 8 秒钟再赢 3 分，极为困难。

这时，保加利亚队的教练突然请求暂停。许多人对此不抱什么希望，认为保加利亚队大势已去，被淘汰是不可避免的，教练不可能再有回天之力。暂停结束后，比赛继续进行。这时，球场上出现了令人意想不到的事情：只见保加利亚队拿球的队员突然运球向自家篮下跑去，并迅速起跳投篮，球应声入网。这时全场比赛时间到。裁判员宣布进入加时赛，大家这才恍然大悟。保加利亚队这出人意料之举，为自己创造了一个起死回生的机会——加时赛。最后的结果是，保加利亚队赢了 6 分，如愿以偿地出线了。

保加利亚队的胜利，就是打破常规取得的成果。这要求我们在解决某个问题或进行某种创新时，切不可把方向确定在某一模式上，而应不拘一格，即便违反常规也未尝不可。

打破常规的经营策略，对于一个公司而言同样意义重大。一个公司要赚大钱，必须经营得法。而要在同行业竞争中取胜，只靠常规经营是不够的，一个优秀的公司经营者必须有打破常规的思考方法，才能产生不同凡响的创意，提高公司的竞争力。在这方面，罐装乌龙茶的成功开发，便是个很好的例证。

在日本，罐装乌龙茶以特有的清爽和芳香受到各消费阶层的垂青，成为与碳酸饮料、果汁、乳性饮料、矿泉水并驾齐驱的五大清凉饮料之一，在日本人的饮食生活中已稳居一席之地。现在，罐装乌龙茶正在走出日本国门，销往越来越多的国家和地区。

这种易拉罐装乌龙茶的开发者就是日本的本庄正则。他从 20 世纪 60 年代中期开始涉足茶叶流通业，购买了一个古老的茶叶商号——伊藤园，并把它作为自己公司的名称。

经过努力经营，伊藤园发展成茶叶流通业第一大公司，本庄正则投资建设了茶叶加工厂，把公司的业务从销售扩大到加工。1977 年，伊藤园开始试销中国乌龙茶。经过卓有成效的广告攻势，乌龙茶开始畅销起来，伊藤园与中国的乌龙茶贸易因此而迅速扩大。

乌龙茶的畅销，更主要的是借助了日本当时的社会经济背景。经过 20 世纪六七十年代的高速经济发展，到 20 世纪 70 年代末，日本人的生活有了巨大的改善。一些媒体宣称，酒足饭饱之后饮用一些茶有益于健康，这无疑为宣传乌龙茶助了一臂之力。第一次乌龙茶热持续了两三年，乌龙茶的销售达到了巅峰，但从 1981 年起出现了降温倾向。

在这种情况下，本庄正则必须思变，否则事业将遭受沉重的打击。乌龙茶不好销了，茶叶的新商机在哪里呢？

早在 20 世纪 70 年代初茶叶风靡日本时，本庄正则就萌生了开发罐装茶的创意，但当时的技术人员遭遇到了"不喝隔夜茶"这一拦路虎，因为茶水长时期放置会发生氧化、变质现象，不再适宜饮用。因此，罐装乌龙茶的创意暂时不可能实现。

要使罐装乌龙茶具有商机，必须攻克茶水氧化的难关，从创造的角度上讲，这也是主攻方向。于是本庄正则投资聘请科研人员研究防止茶水氧化的课题。时隔一年，防止氧化的难题解决了，本庄正则当机立断开发罐装乌龙茶。

在讨论这项计划时，12 名公司董事中有 10 名表示反对，因为把凉茶水装罐出售是违反常规的。日本人是讲茶文化的。千百年来，人们用开水在茶壶中泡茶，用茶杯等茶具饮茶，或是品尝，或是社交，或是寓情于茶。而易拉罐茶饮料则是提供凉茶水，作用是解渴、促进消化、满足人体的种种需求。将凉茶水装罐出售是违反常规的，它抛开了茶文化的重要内涵，取其解渴和促进消化的功能。

然而，长期销售茶叶的经验告诉本庄正则，每到盛夏季节，茶叶销量就要剧减，而各种清凉饮料的销量则猛增。他坚信，如果在夏季推出易拉罐乌龙茶清凉饮料，一定会大有市场。在本庄正则的坚持下，伊藤园开发的易拉罐乌龙茶清凉饮料于 1988 年夏季首次上市，大受消费者欢迎。乌龙茶销售又再现高潮，而且经久不衰直到今天。

此后不久，本庄正则又推出罐装绿茶、罐装红茶和大大小小各种规格的袋装、玻璃瓶装和塑料瓶装的乌龙茶饮料，销售额也屡创新高。

将乌龙茶开发成罐装饮料的成功创意，产生了经营上出奇制胜的效果。在公司经营上，这种看似违反常规的行为，实则是一种不错的经营之道。

用心感言

要使自己创造力旺盛，就得更加用心，越是从意想不到的或"不可能"的地方去发掘，就越有可能突破框框，产生崭新的创意。

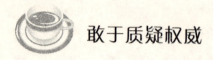

敢于质疑权威

据佛经记载，释迦牟尼刚生下来就一手指天，一手指地，向前走了七步，高声说："天上天下，唯我独尊！"有位学禅的人对这段话不理解，就去请教云门禅师。禅师回答："这有什么不好理解的呀！可惜当时我不在场，要是我在场，就把他一棍子打死，拉去喂狗，图了天下太平。"

故事的道理很简单：如果你一味地迷信权威，奉劝你把它从你的思想中拉出去，一棍子打死，省得它占据你的思想。

有人群的地方总会有权威。我们都难免依赖权威，尤其对于那些有威信、地位、权力、资历的人，我们总是仰视和崇拜。这本来无可厚非，毕竟一个人一生中通常只能在一个或少数几个专业领域内拥有精深的知识，在专业领域之外，为了弥补自己的无知，以应不时之需，只好求助于各领域的专家和权威。然而，如果对权威的尊崇到了不分是非的程度，就会给自己的大脑套上一种思维的枷锁——权威枷锁。

据说，斯大林时期，个人崇拜搞得很厉害。有一次，斯大林在《真理报》上发表了一篇文章。其中有一处字句让人费解，但是当时的御用文人们觉得，领袖的文章不会有错的，一定是我们没有细心领会。于是写了很多文章进行分析、推敲、演绎。斯大林看到了，觉得好笑，批示道："纯属笔误，笨蛋！"

这就是盲目迷信权威的后果。当你盲目迷信权威时，你就无异于放弃了用心思考的机会，而以权威的是非为是非，变成了唯命是从的应声虫。你甚至会本末倒置，宁可相信权威的判断，也不相信自己眼睛看到的活生生的现实。

1938 年 9 月 21 日，一场凶猛异常的狂暴飓风袭击了美国的东部海岸。第一波海浪的威力如此之大，以至于阿拉斯加州的一台地震仪上都记录下了它的影响。在袭击的同时，飓风携带着巨浪以每小时超过 100 英里的速度向北挺进，水墙达到近 40 英尺高。长岛的一些居民手忙脚乱地跳进他们的轿车，疯狂地向内陆驶去。幸存者后来回忆道，一路上，人们都将轿车保持在每小时 50 英里以上。

其实，当时的气象学家们早已预测到了这场飓风的规模和到来的时间，因为一些不便公开的原因，气象局并没有向公众发出警告。事实上，绝大多数的居民通过家中的仪器或者其他渠道都获知飓风即将来临，但由于作为权威部门的气象局并没有发出任何预报，居民们都出人意料地对即将到来的大灾难漠然视之。

一个长岛居民曾回忆：早在飓风到来前几天，他就到纽约的一家大商店订购了一个崭新的气压计。9 月 21 日早晨，新气压计邮寄了过来。令他恼怒的是，指针指向低于 29 的位置，刻度盘上显示："飓风和龙卷风。"他用力摇了摇气压计，并在墙上猛撞了几下，指针也丝毫没有移动。气愤至极的他，立即将气压计重新打包了，驾车赶到了邮局，将气压计又邮寄了回去。当他返回家中的时候，他的房子已被飓风吹得无影无踪了。

这就是绝大多数当地居民采取的方式，这反映了权威力量的强大，更说明了迷信权威的荒谬。当人们的仪器指示的结果没有得到权威部门的印证时，他们宁愿诅咒气压计，或者忽略它，或者干脆扔掉它！

从创新思维的角度来说，权威定势显然是要不得的。在需要推陈出新的时候，人们往往很难突破旧权威的束缚，有意无意地沿着权威的思路向前走，总是被权威牵着鼻子。即便有了新的成果和发现，也由于过于崇拜权威而自我否定，以至于与成功失之交臂。

诺贝尔奖评委、瑞典皇家科学院院士拉斯·奥尔夫·彼昂曾一针见血地指出："中国人太过迷信权威，做了很多模仿性的研究，原创性的工作做得太少，这导致了国内研究一直得不到国际的认可。"

这里有一段科学史轶闻，或许会对那些盲从权威而不敢创新的人有所警示：1900 年，著名教授普朗克和儿子在自己的花园里散步。他神情沮丧，很遗憾地对儿子说："孩子，十分遗憾，今天有个发现。它和牛顿的发现同样重要。"他提出了量子力学假设及普朗克公式。但他并未因此而感到欣喜，恰恰相反，他沮丧这一发现破坏了他一直崇拜并虔诚地信奉为权威的牛顿的完美理论。他终于宣布取消自己的假设。人类本应因权威而受益，却不料竟因权威而受害，由此使物理学理论停滞了几十年。

直到后来，年轻的爱因斯坦敢于冲破权威桎梏，大胆突进，认同了普朗克假设并向纵深引申，提出了光量子理论，奠定了量子力学的基础。随后又锐意破坏了牛顿的绝对时间和空间的理论，创立了震惊世界的相对论，一举成名，成了一个更伟大的新权威。

可见，创新要勇于否定权威。人要进步，企业要成长，没有勇于否定权威的勇气是不行的。纵观科学的发展历程，每一次发展都是在勇于否定权威的过程中实现的。每一次否定权威都是一次破除"心障"的过程。

 用心感言

迷信权威，就是对自我心灵和大脑的否定。无论做什么事情，都要用心独立思考，敢于质疑权威。敢于质疑权威，本身就是一种胆识、一种创新。不要以为自己人微言轻，在许多时候，你的想法未必不是正确的。

用自己的头脑思考

用自己的头脑思考，听起来像一句废话，许多人会说：头长在自己身上，当然是用自己的头脑思考。但真实情况却并非如此。在我们的身边，有许多工作不用心的人，他们没有自己的想法，没有自己的主见，甚至没有自己的思想，他们把别人的意见作为真理，对别人的指点不加思考地全盘接受。这样的人，你能说是在用自己的头脑思考吗？

相信很多人都知道这个故事：有一对父子，到集市上买了一头毛驴。回来的路上，父亲心疼儿子脚力嫩，就让儿子骑上了驴。有人看见后说：这小子真不懂事，年纪轻轻的自己骑驴，让他爹地下走。儿子听说后，赶紧下来，把父亲让上驴背，又有人看见后说：这个当爹的太不像话，自己骑驴让孩子步行。父子俩只好都地下走，有人看到后讥笑：这爷俩傻蛋一对，闲着牲口自己费力走。父亲一急，自己骑上驴又把儿子拉上去骑着一块往回走。不料一个人鄙夷地喊，这父子俩太不是东西了，一点儿也不知道心疼自家的牲口，下辈子真该让你们转生成驴！弄得这爷儿俩无所适从，气恼至极，干脆把驴腿一捆，找根棍子抬着驴回家了……

不用自己头脑思考的人，就像故事中的父子，没有主见，人云亦云，结果还是自己受累。爱默生有一句名言："要想成为真正的'人'，必须先是个不盲从抄袭的人。你心灵的完整性是不可侵犯的……当我放弃自己的立场，而想用别人的观点去思考的时候，错误便造成了……"

对于一个企业而言，不论是管理者还是普通员工，用自己的头脑思考都非常重要。令人遗憾的是，我们国内的许多企业领导人缺乏的正是独立思考的精神。他们似乎很注重学习，但根本没有"以我为主"吸纳别人的经验和智慧，而寄希望于别人给出一个现成的答案。在战略选择上往往是随大流，投资一窝蜂，要做手机都做手机，要搞物流都搞物流，于是，各行业都是低水平过度竞争。

亨利·福特说："思考是世上最艰苦的工作，所以很少人愿意从事它。"成功学大师拿破仑·希尔在《思考致富》一书中说，如果你想变富，你需要思考，独立思考而不是盲从他人。富人最大的一项资产就是他们的思考方式与别人不同。

近年来，"股神"巴菲特在我国受到越来越多人的推崇。他的一举一动备受关注，他的投资手法被一次次研究，他的理念被无数人追捧，奉为圣经。但事实上，巴菲特本人却从不会太在意别人怎么说怎么做，他最大的秘密武器就在于：用自己的头脑独立思考。

巴菲特的许多言论，无不表明他是个推崇独立思考的人：

"思考是我生活的重心，我是一个相当喜欢思考的人。尽管我知道有些事情并无答案，但我认为，他们可以为这个世界带来一些真知灼见，这就是独立思考的魅力。"

"逆反行为同从众行为一样愚蠢。我们需要的是思考，而不是投票表决。"

"你必须独立思考。我常常惊讶于一些高智商的人总是不知不觉地模仿别人，和这些人聊天对我毫无益处。"

"在决定什么东西是对，什么东西是错的时候，我必须依靠自己的独立思考去做出判断。我认为，如果我们每个人都能依靠自己的独立思考去做判断，那么这个世界将会变得更美好，即使我们的思考各不相同，做出的判断也不一定一致。"

"相信自己的大脑，尤其不要听从于电脑。"

……

巴菲特勤于思考，这让他对世间万物秉持一种批判的内省态度。他的朋友拜伦·卫思曾这样评价他："只有冒险的观念才能深深地吸引巴菲特，他喜欢了解事情的本质，年轻时就喜欢做一些哲学理论研究，这培养了他独立思考的能力，使他在金融市场上受益无穷。"

巴菲特认为，在波动无常的投资市场上，投资人唯有独立思考，才能在混乱的局势中保持自我，看清市场走向，不为流行的趋势所迷惑，从而做出最正确的投资决策。

巴菲特的研究狂热，使他在投资人中显得卓尔不群。他阅读枯燥的企业书籍，起劲得有如小孩看漫画。看报纸的金融版，他每一行都不放过。朋友对他的股市知识心悦诚服，认为没有人比得上他；向他请教，他总是谦和而言简意赅地说，不要一窝蜂跟着别人抢购，要根据事实。别人不会告诉你哪些股稳赚不赔，你一切要靠自己。

巴菲特能独立思考，又能专心致志于事业，使他如虎添翼。在奥马哈，每到黄昏，他会去商店买份刊有股市收盘价格的当地晚报。回到家，

认真做 只能合格，用心做 才能优秀

Ren Zhen Zuo Zhi Neng He Ge, Yong Xin Zuo Cai Neng You Xiu

又阅读一大叠公司年报。他曾对朋友说，有些人热衷于研究棒球资料或马经，而他的嗜好则是更多地赚钱。

巴菲特从来不信理财顾问说的话，他说："假设手上有 100 万美元，如果尽信内线消息，一年之内就能破产。"考虑哪种股票值得投资时，巴菲特得先说服自己。他很早就体会到相信自己的判断最为重要。

在股票投资的过程中，不注重独立思考的投资者比比皆是。他们经常会受到别人的影响而抢进杀出，而缺少自己的主见，因此显得盲目草率。用巴菲特的话说，这些盲从者，缺乏独立思考者，其实就是"傻子和旅鼠"。

巴菲特的这个比喻，也许会让那些整天在证券交易所的大厅里双目紧紧盯着彩色屏幕的股民们泄气。因为他们的目光和焦灼的心情关注的正是当天瞬息万变的市场行情。但残酷的是，巴菲特嘲笑的正是这样一群人。

用心感言

　　用不用心工作，用不用自己的头脑思考，都取决于你自己。要想创新，必须走出自己的路来，老跟在别人屁股后边学，充其量只会落下"模仿者"之名。你可能会获得点成功，但不可能有更大的成就。

 ## 不要自我设限

生物学家曾做过一个有趣的实验：他们把跳蚤放在桌子上，一拍桌子，跳蚤迅即跳起，跳起的高度均在其身高的 100 倍以上，堪称动物界的跳高冠军。接下来，他们在跳蚤头上加了一个玻璃罩，让它再跳，结果跳蚤重重地撞在玻璃罩上。连续撞击多次后，跳蚤学乖了，开始根据玻璃罩的高度来调整自己所跳的高度，每次跳跃高度总保持在罩顶以下。随着玻璃罩越来越低，跳蚤也跳得越来越低。最后，当玻璃罩接近桌面的时候，跳蚤已无法再跳了。过了一段时间，科学家把玻璃罩打开，再拍桌子，奇怪的是跳蚤不再起跳，变成"爬蚤"了。

当然，跳蚤不再跳跃，其实并不是因为它丧失了跳跃的能力，而是在多次跳跃受挫后，习惯了、麻木了。即便玻璃罩已不复存在，它也连再试一次的勇气都没有了。这种现象，就是自我设限。

很多时候，人也是这样。许多人不敢去追求成功，不是追求不到成功，而是有一只无形的"玻璃罩"罩在潜意识里，罩在心灵上。这个"玻璃罩"可能是某种教条，也可能是某段失败的经历，它常常暗示自己：成功是不可能的，这是没有办法做到的。于是，行动的欲望就被自己所扼杀了。

20世纪初，有个爱尔兰家庭要移民美洲，他们非常穷困，于是辛苦工作，终于存钱买了去美洲的船票。但全家人在整个旅程中都得待在甲板下，仅以自己带上船的少量面包和饼干充饥。

一天又一天，他们以充满嫉妒的眼光看着头等舱的旅客在甲板上吃着奢华的大餐。最后，当船快要靠岸的时候，这家的一个小孩儿生病了。做父亲的找到服务人员说："先生，求求你，能不能赏我一些剩菜剩饭，好给我的小孩儿吃？"

服冬人员回答说："为什么这么问？这些餐点你们也可以吃啊。"

"是吗？"这人回答说，"你的意思是说，整个航程里我们都可以吃得很好？"

"当然！"服务人员以惊讶的口吻说，"在整个航程里，这些餐点也供应给你和你的家人，你的船票只决定你睡觉的地方但并没有决定你的用餐地点。"

遗憾的是，当这家人知道这些后，他们已经靠岸了，需要下船了。

这家人因为一直很穷，所以有严重的自卑感，以为不可能与别人处于同样的待遇水准上，这就成了他们思想中的"玻璃罩"。这提醒我们，在我们没有做出任何努力之前不要自我封闭，不要凭想当然办事。你头脑中的不可能只是你自己想出来的不可能。

毕竟，人跟跳蚤有根本的不同：跳蚤一旦被驯养，就很难恢复跳跃的能力，但人类会反省，有能力挣脱无形的牢笼、跳出框框，从而释放被监禁的创造力。这其中的关键，就看当事者是否有突破限制的强烈意愿和决心。一旦打破自我设限，就相当于迈过人生中一道重要的坎儿，成就不可限量。

著名歌唱家廖昌永被多明戈赞誉为"中国自己培养的世界级的歌唱家"，"一个天才的亚洲艺术家"，被《华盛顿邮报》誉为"世界歌剧舞台的瑰宝"。但很少有人知道，在他的成长过程中，就曾经打破过一个"玻璃罩"，从而实现了艺术人生的重大突破。

1988 年，廖昌永考上了上海音乐学院声乐系。人生的考验也同时开始。

大学毕业那年，学校派他到香港演出。临出发前他还没拿到乐谱。在香港排演了一个月，廖昌永没能把乐谱全部背下来，在正式表演前，他被别的演员替代。初次演出的失败对廖昌永打击很大。

第一次去法国参加国际声乐比赛，拿了最佳法语歌唱奖。他当时感觉还不错，但回来听到很多议论："这个奖不算奖！"

第二次，他代表文化部参加了英国"卡第夫"声乐比赛，第一轮就淘汰回来了，有人说："我说了不行吧？"

那次比赛回来以后，他上了本校的研究生。有一次，一个美国的声乐大师来学校上课，让廖昌永唱给他听，听完之后他要廖昌永向全系的同学说："我发誓我从此再也不唱威尔第的歌剧了。"

在一连串的打击面前，他感觉他已经不会唱歌了。这时，他就想起了前文提到的那个实验。

"我是真的不会唱歌了，还是被眼前的挫折暂时'罩'住了？"廖昌永开始分析自己：去香港演出没及时拿到乐谱不能不算一个特殊原因；参加"卡第夫"声乐比赛失利是因为年轻气盛；那么威尔第的歌剧是自己演唱生涯的底线，还是休止符？

一番分析之后，他咬紧牙关，对自己说一定要挺住！他选择了再次勇敢地起跳，摘掉那无形的"玻璃罩"。这个决定成了他人生中的一个重大转折。

2000 年，在华盛顿肯尼迪歌剧院，廖昌永演唱了《游吟诗人》。这可以说是威尔第歌剧中剧情最曲折复杂，情感冲突和矛盾最强烈的一部歌剧。廖昌永扮演的卢纳伯爵虽然是一个 20 多岁的年轻人，但内心太深沉持重，不到四五十岁，没有相当成熟的技巧，没有足够丰富的演唱经验和内心体验是演不了这个角色的。许多人对他不抱什么指望，但多明戈力排众议，相信他能唱好。

廖昌永第一次在美国的歌剧院里亮相，感到压力很大。但在那天，他掀起了整个剧场的高潮，所有人都感到耳目一新。"我觉得你就是那个人啊！"人群中有人激动地欢呼。多明戈的指挥棒停在半空，倾听如雷的掌声。当廖昌永出来谢幕时，给他的掌声足足响了一分多钟。

世界四大报纸之一的《华盛顿邮报》批评了整场的男高音女高音，唯独对廖昌永挑不出一丝毛病："他简直就是天生的威尔第演唱家。"

他曾经差点儿发誓永不唱威尔第的歌剧，但他的成功证明自我设限是多么的愚蠢。

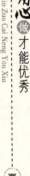

用心感言

还记得拿破仑·希尔的那句话吗：你唯一的限制就是你头脑里的限制。你要在工作上有所创新和成就，最大的敌人不是外在的任何人或事，而是你的大脑。你也许很认真、很努力，但如果你总是用某种教条或经验把自己的思想限制得死死的，总是对自己说"不可能"，那你就永远不会有任何突破。

用心为想象插上翅膀

想象力有多重要？听听拿破仑是怎么说的吧：想象力主宰世界。

人类进化源于想象力，社会发展离不开想象力，商业成功无不诠释着想象力的价值。而且毋庸置疑，想象力是创新的灵魂和翅膀。

《哈里·波特》作者 J·K·罗琳说："想象力是一种能促使人类预想不存在事物的独特能力，从而成为所有发明和创新的源泉，从想象力或许最具改革性和启示作用这点来看，它使我们能够对从来都没有分享到的人类的经验产生共鸣。"

《阿凡达》震撼全球，票房创下影史新高，人们一般认为《阿凡达》的成功与五亿巨制以及最新数字技术的完美运用有关，但实际上，《阿凡达》成功最大的关键在于导演詹姆斯·卡梅隆超越人类极限的想象力。卡梅隆用想象力震撼着人们的心灵，用童心搭起了一座通往每个人心灵深处的桥梁。

创新天才史蒂夫·乔布斯执迷于追求超越消费者想象力的产品，一定要做出最伟大的产品，苹果从 Mac 机到 iPod 再到 iPhone、iPad，每一件产品都是极具创造性的，吸引着绝大多数人为之疯狂，苹果的成功是乔布斯无与伦比的想象力主宰商业世界的典范。

乔布斯生平最大的劲敌比尔·盖茨也说，微软的唯一资产就是员工的想象力。正是他在不到 20 岁时的大胆想象和选择，才有了后来强大的软件帝国。

1974 年 12 月的一个寒冷的早晨，保罗·艾伦去哈佛大学找比尔·盖茨，在哈佛广场的报亭发现一本新到的《大众电子》杂志。艾伦对这本刊物很熟悉，他从儿童时代就开始阅读这本刊物。然而这一期杂志却令他十分激动——杂志的封面是一幅阿尔塔 8800 电脑的图片，上面印着醒目的大标题："世界上第一部微型电脑，堪与商用型匹敌。"

那天艾伦见到盖茨的第一句话就是："我们现在终于有机会动用 BASIC 做点儿事情了。"

盖茨明白，艾伦是对的：个人电脑的奇迹就要降临！一旦电脑像电视机一样普及，对软件的需要将无穷无尽。到那时，他们这些软件设计天才的前途将妙不可言。阿尔塔 8800 微型电脑（此电脑使用的是英特尔的8080 微处理器）的出现，给盖茨他们带来了无限的希望。

这是新墨西哥州阿尔伯克基一家名不见经传的微型仪器遥测系统公司推出的产品。它的开发者是艾德·罗伯茨。

机不可失，时不再来，盖茨和艾伦立即给罗伯茨公司打电话，自称是西雅图交通数据公司的代表，说他们已经研制出了一种 BASIC 语言翻译器，可以在所有使用 8080 微处理器的计算机上使用。他们愿意通过罗伯茨的公司，出售拷有这个软件的盒式磁带或磁盘，每套软件收费半个美元。

与此同时，盖茨和艾伦夜以继日地待在计算机旁，为阿尔塔 8800 编程，设计 BASIC 语言。

他们废寝忘食地干了两个月，BASIC 语言的编写已经基本完成。他们给罗伯茨打电话，说他们已经成功地在阿尔塔上应用了 BASIC 语言，而实际上他们那时别说没有见过阿尔塔 8800 计算机，就连英特尔的 8080 微处理器也没见过。

罗伯茨没有轻信他们，要他们亲自到阿尔伯克基演示他们的程序。他们答应了。

三个星期后，艾伦前往阿尔伯克基，盖茨则在哈佛等他的消息。在罗伯茨公司的开发实验室，艾伦第一次有幸目睹了阿尔塔计算机的风采。他把打上程序孔的纸条装进纸条阅读器，然后等计算机的反应。电动打字机打出了"准备就绪"的字样，说明他们编写的 BASIC 语言已被计算机接受了！他试验了盖茨用 BASIC 语言编制的第一套软件，模拟宇宙飞船在用完燃料之前着陆月球。阿尔塔 8800 也首次作实用性运行，结果表明模拟非常成功，盖茨的 BASIC 语言在机器上工作得相当出色，罗伯茨惊叹不已。他决定按盖茨他们的条件订购软件。

艾伦欣喜若狂，立刻给盖茨打电话，告诉他实验大获成功。盖茨一听到这个消息，马上就以一种超凡的想象力，意识到他们编写的 BASIC 语言不仅可以使阿尔塔腾飞，而且对于整个计算机行业也具有革命性的意义。它意味着微型计算机从此将在极为广阔的领域里获得应用。

比尔·盖茨和保罗·艾伦研制的软件使计算机进入了一个全新的实用领域，计算机得到了迅速而普遍的推广，在一个很短的时间内由美国西北部蔓延到了全美国。人们争相购买这种计算机，不久，这股计算机热潮就席卷了全世界。

当时的盖茨不到 20 岁，艾伦还不到 22 岁。从那时起，比尔·盖茨的 BASIC 语言曾独领风骚达 6 年之久。经过无数次改进，这种语言已经达到了在当时看来相当可靠的水平。

盖茨预见到阿尔塔计算机将导致一个软件市场的诞生；他坚信可以靠出售他们的软件赚一笔大钱。他们马上要做的事情就是开办一家自己的软件公司。为此，盖茨必须做出选择：要么不办公司继续在哈佛念书，要么办公司离开哈佛。盖茨思索再三，终于做出了一个艰难的决定：离开哈佛，立即投身计算机事业。

39 岁那年，比尔·盖茨成为世界首富，并连续 18 年登上福布斯榜首的位置。超凡的想象力和惊人的远见卓识，使他总是能准确看到 IT 业的未来，这也正是微软公司和软件产业成功的关键。

用心感言

　　财富来自创新，而创新则来自想象。想象力是所有发明家或先驱者开路冲锋的强有力武器。所谓用心，正是抱着一种纯真、执著的态度，激活你的想象，从而成就伟大的事业。

213

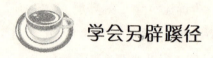

学会另辟蹊径

所有人都知道创新会带来成功，可是成功的人却很少，为什么？就因为人的本性是"从众"的，多数人更喜欢走别人走过的路，因为那里安全，不会出错，只有极少数用心的人才能从本没有路的地方开辟一条新路，由这条捷径走向成功。

约翰·洛克菲勒有句名言："如果你想成功，你应辟出新路，而不要沿着过去成功的老路走。"这句话所包含的智慧，不仅贯穿于我们的日常工作中，也时时贯穿创业者的每一个创业行动中。

从市场的角度说，在产品以及服务日趋同质化的情况下，只有显示出差异，才能从竞争中胜出，所以开辟新路是成功者的必然之举。要辟出新路，就得用心专注于"别人没在做什么"，用这个方法来帮助你找到那些还没有发现的产品。比如当初苹果电脑公司研究 IBM 没在做什么：IBM 没在为渺小的个人制作小型号电脑，于是苹果电脑就开始生产了。再有，日本很清楚美国汽车工业没在做什么：三大汽车巨头没有生产小型的汽油汽车，于是日本人开始生产，改写了汽车工业历史。

比亚迪掌门人王传福也是熟练运用这一智慧的高手。王传福做比亚迪，别人都是用整套的机器代替人力，他偏偏反其道而行之，用大量的人力代替机器，只在不得不用机器的少数几个环节才使用少量的机器。原因在于，王传福知道，作为一个劳动力供应的大国，中国工人的人力成本远低于购买成套机器设备的成本。使用人力代替机器，虽然使比亚迪的工厂变得不那么好看，显得不那么现代化，但却把比亚迪的生产成本一下子降了下来，低于主要竞争对手日本人40%。凭借价格优势，比亚迪在世界市场横扫千军，风光无限。王传福也在短短数年之内，积累了巨大的财富。

这方面最精彩的例子来自伊夫·洛列。他的企业摘取了美容品和护肤品的桂冠，是唯一使法国最大的化妆品公司劳雷阿尔惶惶不可终日的竞争对手。这一切成就，伊夫·洛列是悄无声息地取得的，在发展阶段几乎未曾引起竞争者的警觉。他的成功有赖于他的创新精神。

1958 年，伊夫·洛列从一位年迈女医师那里得到了一种专治痔疮的特效药膏秘方。这个秘方令他产生了浓厚的兴趣，于是，他根据这个药方，研制出一种植物香脂，并开始挨门挨户地去推销这种产品。

有一天，洛列灵机一动，决定在《这儿是巴黎》杂志上刊登一则商品广告，并在广告上附上邮购优惠单。这一大胆尝试让洛列获得了意想不到的成功，当他的朋友还在为他的巨额广告投资惴惴不安时，他的产品却开始在巴黎畅销起来。

当时，人们认为用植物和花卉制造的美容品毫无前途，几乎没有人愿意在这方面投入资金，而洛列却反其道而行之。1960 年，洛列开始小批量地生产美容霜，他独创的邮购销售方式又让他获得巨大成功。在极短的时间内，洛列通过各种销售方式，顺利地推销了 70 多万瓶美容品。

如果说用植物制造美容品是洛列的一种尝试，那么，采取邮购的销售方式，则是他的一种创举。时至今日，邮购商品已不足为奇了，但在当时，这却是另开新路。

1969 年，洛列创办了他的第一家工厂，并在巴黎的奥斯曼大街开设了他的第一家商店，开始大量生产和销售美容品。伊夫·洛列对他的职员说："我们的每一位女顾客都是王后，她们应该获得像王后那样的服务。"

为了达到这个宗旨，他打破销售学的一切常规，采用了邮售化妆品的方式。公司收到邮购单后，几天之内即把商品邮给买主，同时赠送一件礼品和一封建议信，并附带制造商和蔼可亲的笑容。

邮购几乎占了洛列全部营业额的 50%。洛列式邮购手续简单，顾客只需寄上地址便可加入"洛列美容俱乐部"，并很快收到样品、价格表和使用说明书。这种经营方式对那些工作繁忙或离商业区较远的妇女来说无疑是非常理想的。

伊夫·洛列通过邮售建立与顾客的固定联系。他的公司每年收到8000余万封函件。而公司的建议信往往写得十分中肯，绝无生硬地招揽顾客之嫌。这些信件中总是反复地告诉订购者：美容霜并非万能，有节奏地生活是最佳的化妆品，而不像其他商品广告那样，把自己的产品说得天花乱坠。

公司通过电脑建立了1000万名女顾客的卡片，每逢顾客生日或重要节日时，公司都要寄赠新产品和花色名片以示祝贺。

这种优质服务给公司带来了丰硕成果。公司每年寄出邮包达900万件，相当于每天3~5万件。1985年，公司的销售额和利润增长了30%，营业额超过了25亿，国外的销额超过了法国境内的销售额。

伊夫·洛列经过辛勤的劳动和艰苦的思考，找到了走向成功的突破口和契机。他设计出与强大的竞争对手完全不同的产品——植物花卉美容品，使化妆用品低档化、大众化，满足众多新、老顾客的需要，所以他把竞争对手远远地抛在了后面。

洛列还打破传统的销售方式，采全新的销售方式——邮售，赢得了为数众多的固定顾客，从而为不断扩大生产打一下了坚实基础。

洛列的成功正好证实了拿破仑·希尔的话："如果你想迅速致富，那么你最好去找一条终南捷径，不要在摩肩接踵的人流中去拥挤。"

用心感言

在这个竞争激烈的时代，不论企业还是个人，唯有创新才能充满生机活力，从而增加自我发展的优势。要创新，就要有独辟蹊径的眼光和勇气。如果甘于走别人的路，亦步亦趋，墨守成规，注定只能成为落伍者。

从另一个角度找到答案

麦克是家大公司的高级主管，他非常喜欢自己的工作，也很满意丰厚的薪水。但另一方面，他非常讨厌他的上司。而且，最近他发觉已经到了忍无可忍的地步。在经过慎重考虑之后，他决定去猎头公司重新谋个别的公司高级主管的职位。以他的条件，再找一个类似的职位并不太难。

回到家中，麦克把自己的打算告诉了妻子。他的妻子是个教师，她刚刚教学生如何重新界定问题，也就是把你正在面对的问题换一个面考虑，把正在面对的问题完全颠倒过来看——不仅要跟你以往看这问题的角度不同，也要和其他人看这问题的角度不同。她把上课的内容讲给了麦克听。这给了麦克以启发，一个大胆的创意在他脑中浮现。

第二天，他来到猎头公司，只不过他是请公司替他的上司找工作。不久，他的上司接到了猎头公司打来的电话，请他去别的公司高就。尽管这位上司完全不知道这是他的下属玩的花招，但正好他对于自己现在的工作也厌倦了，所以没有考虑多久就接受了这份新工作。结果，他目前的位置就空出来了，于是麦克就顺理成章地升了职。

麦克不仅达到了目的——躲开令自己讨厌的上司，还仍然干着自己喜欢的工作，更得到了意外的升迁。这一切，仅仅是因为换了一个角度来解决问题。

许多人工作认真，却时常会遇到瓶颈。在很多时候，不是他们的头脑不够聪明，而是他们往往习惯于从同一角度看问题，犯了钻牛角尖的错误。如果他们用心换个角度来考虑问题，情况往往可以改观，新的创意也会接踵而至。

爱因斯坦说："把一个旧的问题从新的角度来看是需要创意的想像力，这成就了科学上真正的进步。"在工作遇到问题时，许多最有创意的解决方法都是来自于换一个角度思考，即对同一问题从不同的方面来，甚至于最尖端的科学发明也是如此。

比如，著名的化学家罗勃·梭特曼发现了带离子的糖分子对离子进入人体是很重要的。他想了很多方法以求证明，都没有成功。直到有一天，他突然想起不从无机化学的观点，而从有机化学的观点来看这个问题，才得以成功。

在这个瞬息万变、竞争激烈的时代，我们往往会遇到很多难题，面临一个又一个的艰难的抉择。有很多时候，我们不能只局限于某种思维模式，而是应该懂得变通，懂得换个角度去思考问题，采取不同的处理方式，这样效果也许会好得多。

在国内商界，聚众传媒在 2006 年即将上市时，选择了和已经先行上市的老对手分众传媒合并，就是一个变换角度做出的精彩决策。

虞锋是聚众传媒的创始人。换个角度看问题，是虞锋从小就养成的一个习惯。敏锐的判断力和多角度的思辨，贯穿了他创业的全过程。

从 2001 年在美国出差时，偶然瞥到电梯口的那块液晶屏开始，虞锋在国内"无中生有"地开创了楼宇电视广告的"蓝海"。对于这种新媒体形式，当时很多国内公司看不懂，因为楼宇电视无法用传统电视的收视率来评价统计数据。但虞锋认为，"如果换个角度，提出有效人群收视率，差异化就出来了。"

这个差异化的媒体形式，仅仅 2 年多时间，便创造了一家纳斯达克上市公司——分众传媒。2005 年底，虞锋也做好了上市的所有准备。那时候，上市几乎是衡量企业家成功与否的唯一标志。

但富有戏剧性的是，虞锋最后时刻放弃了上市，选择了和分众合并。虞锋后来回忆，那是他创业过程中最纠结的阶段。刚刚开辟的蓝海，便因为两个区域空间高度相同的对手分众和聚众，搞成一片"红海"。每个人的目标都是将竞争对手打败，到后来就变成完全的价格战，玩起了杀敌一千自损八百的零和游戏，这对于一个新兴产业来说是非常不利的。

那么，如果换个思路，由竞争走向合并呢？产业内两大巨头并购的案子不少，但主动合并的极为少见。但虞锋却走出了这一步。结果是，虽然经历了 2008 年经济危机的震荡，但这个产业仍在健康成熟地前行，产业的蛋糕被做大了。放弃了上市的机会，但虞锋得到了内心的宁静。他有更多机会看更多的精彩故事，为以后的投资生涯做好了铺垫；当年的冤家对手江南春，也和他成为非常要好的朋友，有了互相补充的视野，经常坐下来探讨新的机会和趋势。

2007 年，"分聚合并"的故事被收入到哈佛商学院的案例库。虞锋在取舍之间换了个角度，不但创造了一个成功的商业案例，还在无意中揭开了更加精彩的人生。

用心感言

　　"一根筋"永远和创意无缘。当你陷入思维的死胡同时，不妨换一个角度去看问题，也许你能在困境的背后发现一个更为广阔、更有活力的世界。

 ## 随时做好冒险的准备

在我们的身边，有许多相当成功的人，他们的才华并不出众，头脑也不见得比别人灵活，但他们有一种突出的素质：胆大。他们未必比别人"会"干，却比别人更"敢"干，一旦认准了机会，就立即行动，不怕冒险尝试，成功也随之而来。

人总是有惰性的，特别是个人生活、工作处境和待遇还不错的话，一个人就容易安于现状，求稳保和。但对于事业上的突破创新来说，稳定却是大忌。只有种种不确定的因素才能使创新思维得到开发，而不确定的事物往往蕴涵着风险。个人如果总是回避风险，那他就可能一辈子没有突破。在现代社会，不敢冒险就是最大的冒险，胆量是使人从优秀到卓越的最关键因素。

英迪拉·甘地说："要知道，生活里总是充满着危险，我不认为危险必须避免。我认为只要看准是正确的事情就应该去做。要是在看准了的事情里包含着危险……那么，就应该去冒险。"

在瞬息万变的时代，事情如果要等到万无一失、万事俱备再动手，往往意味着失去机会。海尔总裁张瑞敏说："如果有50%的把握就上马，有暴利可图；如果有80%的把握上马，最多只有平均利润；如果有100%的把握才上马，一上马就亏损。"

比尔·盖茨为什么能建立他的微软帝国？他为什么能够在竞争激烈的现代经济中独占鳌头而历久不衰？在比尔·盖茨看来，成功的首要因素就是冒险。他认为，在任何事业中，把所有的冒险都消除掉的话，自然也就把所有的成功机会都消除掉了。他甚至认为，如果一个机会没有伴随着风险，这种机会通常就不值得花心力去尝试。

1998年，李开复在决定要回到中国创建微软研究院之前，曾征询过不少朋友和同事的意见。但他惊讶地发现，几乎没有一个人赞成他的想法！他们认为中国最优秀的人都出国了，国内环境又复杂，而且李开复已经有钱有地位了，不值得再去冒险。

但在其他人的反对面前，李开复没有退缩。他知道，回中国创建研究院存在短期内的风险，但从长远来说，中国必将成为世界未来的中心，作为能够横跨中西文化的华人，他应该把握这个回到中国的最好机会。于是他对妻子说："管他呢，我自己先回去。我绝不相信中国所有优秀的人都出国了，在中国，总能找到喜欢科学研究的人。我就是要做一个敢为天下先的人。"

后来的事我们都知道了：微软在中国创建的研究院取得了圆满的成功，李开复也实现了自己当年的理想。

美国人阿曼德·哈默传奇般的一生也总是机遇与冒险并存。哈默16岁那年，看中了一辆正在拍卖的双座敞篷旧车，但标价却高达 185 美元，这个数字对哈默来说是惊人的。尽管如此，他仍然抓住机遇不放，大胆向在药店售货的哥哥哈里借款，买下了这辆车，并用它为一家商店运送糖果。两周以后，哈默不仅按时如数还清了哥哥的钱，自己还剩下了一辆车。哈默的这第一笔交易与后来相比起来根本不算什么，但当时对他来说却属"巨额交易"，在这笔交易中，哈默考察了自己的竞争能力和敢于冒险的本领。

1956 年，58 岁的哈默接管了经营不善、当时已处于风雨飘摇之中的加利福尼亚的西方石油公司。石油是最能赚大钱的行业，也正因为最能赚钱，所以竞争尤为激烈。初涉石油领域的哈默要建立起自己的石油王国，无疑面临着极大的竞争风险。

首先碰到的是油源问题。1960 年石油产量占美国总产量38％的得克萨斯州，已被几家大石油公司垄断，哈默无法插手；沙特阿拉伯是美国埃克森石油公司的天下，哈默难以染指。到哪里去才能找到石油和天然气呢？哈默的诀窍不同常人，甚至有些怪僻，他专门在别人认为找不到油的地方去找油。1960 年，当花费了 1000 万美元勘探基金而毫无结果时，哈默冒险接受了一位青年地质学家的建议：旧金山以东一片被放弃的地区，可能蕴藏着丰富的天然气，并建议哈默的西方石油公司把它租下来。

当时，有一家叫德士古的石油公司，曾在旧金山以东的河谷里寻找过天然气，钻头一直钻到5600 英尺，仍然见不到天然气的踪影。这个公司的决策者认为耗资太多，如果再深钻下去很可能是徒劳无功，便匆匆鸣金收兵，并宣判了此井的"死刑"。哈默得知这一消息后，便立即有关专家进行实地考察，经过大量的数据分析，哈默又千方百计从各方面筹集了一大笔钱，冒着巨大的风险，带着妻子和公司的董事们来到这里，在枯井上又架起了钻机，继续深探。结果在原有基础上，又钻进 3000 英尺时，果然天然气喷薄而出。这是当时加利福尼亚州的第二大天然气田，估计价值在两亿美元以上。

哈默传奇的冒险生涯并没有到此为止。他听说举世闻名的埃索石油公司和壳牌石油公司在非洲的利比亚由于探油未成功而扔下不少废井，便带领大队人马开往非洲，以愿意从利润中抽出5%供利比亚发展农业和在国王的家乡（沙漠地带）寻找水源的投资条件，租借了两块别人抛弃的土地，很快又打出了九口自喷油井。

西方石油公司在哈默的领导下，经过二十几年的努力，已经成为一个业务遍及世界各大洲的多种经营的跨国公司，哈默本人也成为享誉全球的企业巨子。

不论是李开复还是哈默，他们的成功都说明：风险总是与机遇并存，与其不尝试而失败，不如拼着失败也要去尝试。

用心感言

世上没有万无一失的成功之路。认真工作而缺乏胆略，你的成就不会有大的突破。你需要一种不怕失败的勇气，随时准备去冒险，因为幸运喜欢光临勇敢的人，愿冒风险的人往往有机会得到更好的回报。

第七章

认真做能创造业绩，用心做更能提升自我

认真用手做事，更要用心学习

20 世纪 70 年代，欧美一些未来学家曾经预言：到了 21 世纪，每周的工作时间将压缩到 36 小时，人们将会有更多的时间提升自我，休闲娱乐。但当历史的脚步真的迈入 21 世纪时，人们却惊讶地发现，相当多的人每周工作时间在无限延长，甚至超过了 72 小时。即便如此，仍有不少人找不到工作，被市场无情地淘汰和抛弃，而那些每周工作时间在不断延长的人们更是愈加发奋地提升自我。

这是一个竞争激烈的时代，这也是一个需要不断学习的时代。你工作认真努力，对得起付给你的薪水，但还远远不够，因为你未必对得起你自己。如果你日复一日地认真工作，却没有用心从中学到新的技术和知识，你的能力也没有实质性的提高，那么你的工作就只是日复一日的简单重复。直到有一天，你会突然发现自己原有的知识和技能都不再管用了，那时你才意识到：你已经被这个急剧变化的时代淘汰了。

古罗马著名的散文家西塞罗说："智者和训练有素的人热爱学习，他们活到老，学到老。"世界著名的意大利雕塑家米开朗琪罗有一句类似的名言："我一直在学习。"许多成功者都知道，一个人要提升自己，就要不断地学习。能从学校里学到的东西十分有限，更多的知识和技能只有在走出学校之后才能学到。学习是终身的责任，每个人在任何时候都不应该放弃学习。

据美国国家研究委员会调查，半数的劳工技能在 1~5 年内就会变得一无所用，而以前这段技能的淘汰期是 7~14 年。特别是在工程界，毕业 10 年后所学还能派上用场的仅仅只有四分之一。因此，学习已变成通往成功的必要途径。"用学习创造利润"，这已被管理学界和企业界公认为当今和未来奠定赢局的商业经营策略。

美国人认为，年轻时究竟懂得多少并不重要，只要懂得学习，就会获得足够的知识。所以，企业与公司里的上班族可以说是学习市场上成长最快的一群人。绝大多数18岁以上的美国人，都是靠自己赚钱缴学费的。有的人是赚够了钱，才进学校一口气读四五年，也有的人是一边打工一边读书，或读读停停，用几十年的时间来取得博士学位。在美国没有人会轻视别人，一个清洁工人或者一个服务生，也可能是一个正在攻读博士学位的人。

史蒂夫·乔布斯被誉为"创新天才"，很大一部分要归功于他的用心学习。他年轻时虽然只上了半年大学就选择了休学，继而又选择了退学，但他并没有白过。休学后，乔布斯跑去学自己感兴趣的书法。10年后，当他在设计第一台麦金塔时，他想起了当时所学的东西，所以把这些东西都设计进了麦金塔电脑里，于是它成了世界上第一台能印刷出漂亮字体的电脑。

美国著名的大提琴家麦特·海默维茨15岁时，与由梅塔担任指挥的以色列爱乐乐团演出了他的第一场音乐会，立即造成轰动，受到各阶层人士的注意。这场音乐会在以色列国家电视台反复播放。海默维茨16岁时，获得了艾弗里·费瑟职业金奖。著名的德国唱片公司跟他签了独家发行其唱片的合约。之后，他更多次获得唱片大奖、金音叉奖等著名大奖。

就在海默维茨声名大噪的时候，这位大提琴神童却突然消失了四年，人们几乎把他的名字给淡忘了。原来他去哈佛大学进修了。他做了一篇以贝多芬《第二大提琴奏鸣102号》为课题的毕业论文，在他详尽的论述之下，海默维茨赢得了哈佛大学的最佳论文奖。

惠普公司前首席执行官卡莉·菲奥里纳女士曾被誉为"全球第一女CEO"，她的职业生涯是从秘书工作开始的。她为什么能从男性主宰的权力世界中脱颖而出呢？答案就是在工作中不断学习，提升自我价值，一步步走向成功。

卡莉·菲奥里纳学过法律，也学过历史和哲学，但这些都不是她最终成为 CEO 的必要条件。卡莉·菲奥里纳并非技术出身，在惠普这样一家以技术创新而领先的公司，她只有通过自己的不断学习才能达到。

她说："不断学习是一个 CEO 成功的最基本要素。这里说的不断学习，是在工作中不断总结过去的经验，不断适应新的环境和新的变化，不断体会更好的工作方法和效率。我在刚开始的时候，也做过一些不起眼的工作，但我还是从自己的兴趣出发，找最合适的岗位。因为，只有我的工作与我的兴趣相吻合，我才能最大限度地在工作中学习新的知识和经验。在惠普，不只是我需要在工作中不断学习，整个惠普都有鼓励员工学习的机制，每过一段时间，大家就会坐在一起，相互交流，了解对方和整个公司的动态，了解业界的新的动向。这些小事情，是能保证大家步伐紧跟时代、在工作中不断自我更新的好办法。"

卡莉·菲奥里纳以自己的经历告诉人们：很少有人能够具备与生俱来的领导能力，真正成功的领导者肯定是在工作中不断积累经验、不断学习而逐步成功的。

用心感言

在今天，学习能力几乎成了一种生存能力。高学历、高水平乃至认真工作的态度，都无法保证你能一劳永逸地在职场上生存下去，只有学习才是以不变应万变的万能钥匙。因此我们在埋头工作的同时，更要用心学习，不断提高自己的能力。

只要用心，公司就是你的大学

英特尔前总裁安迪·格鲁夫在《只有偏执狂才能生存》一书中曾说："没有人欠你一份工作！"这话听起来很残酷，然而，这是现实。

在今天，每个年轻人都必须有面对失业的准备，哪怕你是硕士、博士，哪怕你从名校毕业。在信息爆炸时代，你在学校所学到的东西远远不能满足你的工作需要，"时时学习、处处学习"，"活到老学到老"已不再是口号，而是一种生存之道。

一些人从学校毕业进入社会后就不再有进取精神，他们以为手中的文凭可以让自己从此高枕无忧，这样的人迟早会被社会淘汰。反之，学生时代即使不显眼，但进入社会后仍然用心学习的人，往往都会有长足的进步，更能从容地面对竞争的洗礼。

还有一些人以为，只有学校才是学习的场所。但实际上，真正的知识，应通过工作实践而获得。

香港名师国际公司总经理刘兴旺在《可以平凡，不能平庸》一书中提到一个年轻人。这个年轻人父母都下岗了，生活很困难。他高中毕业后，因为不想让家里负债给他交学费，不得不放弃上大学的机会，到一家公司打工，做了一名普通的工人。但是，他不像别的工人那样，拿一份钱，干一份工作，他每天都在工作中不断学习，想办法充实自己，努力改变自己工作的境况。

年轻人注意到主管每次总要认真检查那些进口商品的账单，由于那些账单用的都是法文和德文，他就在每天上班的过程中仔细研究那些账单，并努力钻研学习与这些商务有关的法文和德文。后来，当主管忙不过来时，他就主动要求帮助主管检查。由于他干得实在是太出色了，以后的账单自然就由他接手了。

过了两个月，他被部门经理叫到办公室。部门经理的年纪比较大，是公司的元老级人物了，他说："我在这个行业里干了30年，根据我的观察，你是唯一一个每天都在要求自己不断进步、不断在工作中改变自己，以适应工作要求的人。从这个公司成立开始，我一直从事外贸这项工作，也一直想物色一个助手。这项工作所涉及的面太广，工作比较繁杂，需要的知识很庞杂，对工作适应能力的要求也特别高。现在，我们选择了你，认为你是一个十分合适的人选，我们相信公司的选择没有错。"

尽管这个年轻人对这项业务一窍不通，但是，他凭着对工作不断钻研、学习的精神，让自己的能力不断地提高。半年后，他已经完全胜任这项工作了。一年后，部门经理退休了，经过大家的审议，由他接任了这项职位。

像这位年轻人一样，在工作中培养吸收新知的习惯，保持一颗学习的心，才能在社会生活中打开更为广阔的天地。要知道，学习不一定非得在学校里才能完成，工作也是一种学习。如果你用心工作，随时都可以在身边发现值得学习的东西，而那正是最有用的、最适合你职业的学习内容。

一位管理学大师曾经说过："不一定终身受雇，但必须终身学习。"如果我们都抱着这种态度选择工作，如何选择公司的问题就变得十分简单了：选择那些能够真正给自己带来教益的公司。

欧洲工业革命以前的家庭作坊里，人们是将工作和学习看成是一体的，为了学习手艺常常拜师学艺多年，无法拿到一分钱的工资，但却毫无怨言，因为在他们看来，能有一个好的学习技能和知识的机会是十分难得的，他们一切努力和付出是为了未来。现代的年轻人应该学习这种态度。

有了这种态度，无论你进入什么公司，都把它看成是一个研讨学习班，其中有许多学习的机会。公司所给你的，要比你为它付出的更多。如果你将工作视为一种积极的学习经验，那么，每一项工作中都包含着许多个人成长的机会。

《选对池塘钓大鱼》的作者雷恩·吉尔森曾讲过这样一段经历：

许多年前，雷恩刚刚开始独立创业，从事职业生涯规划的咨询业务。有一天，两个年轻人来到他的办公室寻求帮助。几个月前，他们风尘仆仆从西部来到纽约打天下，但是情况远没有当初想象的那么顺利。

通过交谈，雷恩发现这两个年轻人很聪明，也很勤奋，就萌生了雇佣其中一个的想法。当时他的公司规模虽然很小，但业务已经开始有了很大的起色，急需补充人手。他将自己的想法分别告诉了这两个年轻人。

先交谈的年轻人叫赫斯。雷恩在向他介绍公司情况的同时，对他说："由于公司刚刚起步，我无法支付你更高的薪水。"雷恩开出一个基本月薪，赫斯沉吟了一下，然后说："请让我考虑一下。"

接下来雷恩与本杰明谈，本杰明毫不犹豫就答应了。

赫斯很快找到了另外一份工作，薪水比雷恩开出来的要高很多。本杰明对此怎么看呢？他对雷恩说："每个人都希望能有更多赚钱的机会，但是我对你的印象十分深刻，希望能从你的经验中学到更多的东西。我想我在这里会更有前途。"

多年过去了，本杰明的朋友赫斯频繁跳槽，仍未找到自己的归宿，薪水增长得相当缓慢，而本杰明已经成为雷恩的合伙人，分享公司带来的收益。

许多年轻人都像赫斯一样，希望工作能使自己有饭吃、有衣穿、有房子住，还能带来一种满足和成就感，却忽略了这样一个问题：你是否有学习的意愿和决心？在这个瞬息万变的时代，你的每份工作几乎都在不停地运动和变化着，你有太多东西需要学习。你不仅必须做好学习的准备，而且必须用心学习，把公司当成你的大学。

　　你的文凭不是一生都有效的护照，你的学习也不仅仅在学校里完成。比尔·盖茨从哈佛退学，乔布斯没有上完大学，戴尔和甲骨文的老总拉里·埃利森也没上完大学，但谁能否认他们的成就？所谓处处留心皆学问，只要用心学习，公司就是你最好的大学。

☕ 工作不是简单的重复

近年来有一句流行的话："成功就是简单的事重复做。"从某种意义来说，这句话非常对，如果你每天重复做一件事，每天都能有进步，那么成功的确迟早会到来。但也可以这么说：如果你没有用心做事，你的工作只是日复一日地简单重复，没有任何进步和变化，那么成功将永远也不会到来。

一个优秀的员工之所以优秀，不在于从事比别人更体面、更重要的工作，而在于与别人一样做同一件工作时，他所表现出来的用心和执著。再简单的事，他也能每天从中汲取成长的力量。而有些人重复做了几年、几十年，也没有做出什么成绩来，这就不是一种执著，而是一种懈怠。

有一位自以为"资深"的讲师到一所高校应聘，他非常自信地开出了自己的薪水与各种待遇要求，但是，主考官并没有立即答应他，而是要求他先为学生们讲10分钟课程，结果并没有显现出他的过人之处。但是讲师坚持声称自己教过20多年书，主考官于是反问道："你是真的教了20年书，还是教过一年书，然后重复了20遍呢？"

不要认为一件简单的事情只要重复做就一定会擅长。优秀员工与普通员工最大的差距就是在这种观念上。普通员工最大的缺点之一便是，总是习惯抱着得过且过的态度工作，认为自己在这个职位上熬的年头足够长，便有资格获得应该获得的。他们根本没有把心放在工作上，所以一件简单的事就算重复上千遍也没什么改进。

要成功，就必须让自己改变，需要不断突破现有的舒适空间，改变现在的状态和思考模式，以及现有的做事方式，改变吸收的资讯和人际交往圈子，改变过去的信念和生活习惯……一切都要变！只有变化，才会有所成长。

唐太宗贞观年间，长安有一匹马和一头驴。它们是好朋友，马在外面拉东西，驴在屋里推磨。贞观三年，这匹马被玄奘大师选中，出发经西域前往印度取经。

17年转眼就过去了，这匹马驮着佛经回到长安。它来到磨坊找到老朋友，谈起这次旅途的经历，那些神话般的境界，使驴听了大为惊异。驴惊叹道："你有多么丰富的见闻呀！那么遥远的道路，我连想都不敢想。"

马意味深长地说："其实，我们走过的路程是大体相等的。当我向西域前进的时候，你一步也没停止。不同的是，我同玄奘大师有一个遥远的目标，按照始终如一的方向前进，所以我们打开了一个广阔的世界；而你被蒙住了眼睛，一生就围着磨盘打转，所以永远也走不出这片狭隘的天地。"

这只是一个简单的寓言故事，却能给我们很多的启发。驴并没有偷懒，甚至可以说很勤奋，每天都在努力工作，努力地在行走着，但它天天围着磨盘打转，只是在做一成不变的机械运动，所以17年过去了，没少受罪，没少流汗，却毫无收获。更惨的是，这样的日子还得重复下去，还得整天围着磨盘打转。马虽在路途上经历了千辛万苦，但它见识了广阔的天地，每天的生活都有变化，活得十分精彩，而且17年过去，作为一个取经回来的功臣，它可以享享清福了。

在这个故事中，马代表成功者，驴代表平庸者。成功者和平庸者本是智力相近的一群人，但在走过漫长的人生之路后，成功者功盖天下、一生辉煌，平庸者却碌碌无为甚至境遇窘迫，为什么会有那么大的差别？原因并不在于天赋，也不在于机遇，而在于是否有每天改变自我的决心。马每天都有进步，经历不同的变化，所以身心都有成长，并取得了巨大的成就；而驴只是围着磨盘打转，一成不变，碌碌无为。对于平庸者来说，岁月的流逝只意味着年龄的增长，平庸的他们只能日复一日地重复自己。

用心感言

　　不用心工作，工作就成了简单的重复，这是一件非常可怕的事。当一个人陷入无止境的简单重复的时候，那就是退化，是原地踏步而不是前进。人生的成长是走过一程又一程，而不是总在原来的一段路上徘徊。

用心反省每一天

对一个年轻人来说，要让自己每一天都有进步，除了努力工作，用心反省是必不可少的功课。

法国牧师纳德·兰塞姆去世后，安葬在圣保罗大教堂，墓碑上工工整整地刻着他的手迹："假如时光可以倒流，世界上将有一半的人可以成为伟人。"一位智者在解读兰塞姆手迹时说："如果每个人都能把反省提前几十年，便有 50% 的人可能让自己成为一名了不起的人。"他们的话，道出了反省之于人生的意义。

巴菲特被称为"股神"，但这个"神"也会犯错。在初涉投资行业的前 25 年，巴菲特曾犯下许多错误，但他每次都能及时反省，能力也在一次次反省中变得强大。他曾写道："大约 10 年前，我从根本上改变了自己的投资收益。当时，我仔细地分析了自己的数十桩交易，并且不断地问自己：'为什么那么多投资都失败了？'这种反省极其痛苦，但效果很明显：从此以后，我每年平均的收益超过大盘 8.4 个百分点。"

确实，反省是痛苦的，但对于一个人的成长又有明显的效果。自省可以使你知道，哪些做法有利于你更容易走向成功，而走哪一条路，你是在越走越远。

对于一个企业，如果出现了问题，主要原因一定是出现在老板和决策层的身上。如果高层管理者们不能做到很好的自省，将来受到损失的只会是企业本身。

在许多人心目中，史蒂夫·乔布斯也是一尊神，尤其在他离世之后，苹果粉丝们更是掀起了一股神化的热潮。但如果仔细考察乔布斯波澜起伏的一生，你会发现这尊"神"其实也是一个人，他也曾几经坎坷，陷入谷底，经历过和凡人一样的失败。

奇虎360公司董事长周鸿祎说："每个人都有自己对乔布斯成功的理解，但是我认为最重要的是乔布斯的自我反省能力。其实乔布斯经历过很多失败，但是从失败中学习了很多经验，永不放弃。"

乔布斯在年轻时，只用了短短10年时间，就将"苹果"从自家车库里的小作坊，发展为雇员超过4000名、价值超过20亿美元的大公司，也是全美成长最快的公司。然而，成功来得太快，过多的荣誉背后是强烈的危机。

1981年，"蓝色巨人"IBM公司终于醒悟过来，也开始推出个人电脑。但狂妄自大的乔布斯对此不屑一顾，认为这款电脑与正流行的苹果电脑相比还差得太远，只不过是一个抄袭者、追随者和组装者，并不足以改变格局。他在报纸上登载了一通广告，以嘲弄的口气说："欢迎IBM公司：苹果公司真诚欢迎你们和我们合作！"

IBM的个人电脑的确看上去非常糟糕，这款电脑与其说是它制造的，不如说是它组装的：CPU来自英特尔，操作系统来自微软，显示器、电源、打印机等，也都来自外部厂商。IBM只是把这些东西拼凑在一起，装在一个壳子里，就成了自己的产品，根本没有新技术可言。

相形之下，苹果公司的"麦金塔"电脑诞生后，确实非同凡响，它的运算性能是IBM个人电脑的两倍，并且是人类能买到的第一台拥有交互式图形界面，以及使用鼠标的个人电脑，比IBM需要输入操作命令的DOS系统，领先了整整一代。就连比尔·盖茨都感叹说，"麦金塔"是他唯一想买来送给妈妈的电脑。

然而现实就是那么的出人意外：伟大的设计竟然完败于最苍白的产品。苹果投入重金研发的先进电脑，不是完全失败，就是濒临失败。IBM的个人电脑凭借低廉的价格、强大的兼容性，不断抢占市场。

乔布斯还拒绝了公司管理层让其他电脑厂商使用"麦金塔"系统软件的提议，这种唯我独尊的狂妄态度，让苹果丧失了树立操作系统行业标准的机会。

与之相反，比尔·盖茨则借着与苹果"麦金塔"合作的机会，模仿后者的图形界面，创出了 Windows。以后，微软与英特尔一起，联手缔造了影响深远的"Wintel"王朝。而自大的乔布斯则因为"麦金塔"的失败，加上经营理念与公司管理层格格不入，被戏剧性地逐出了自己创立的公司。

1985 年 9 月，乔布斯卖掉几乎所有苹果股票重新创业，但仍保留一股以便获得年度财务报告，并用以寄托他对苹果的深情。

他离开苹果创立的第一家公司——NeXT 电脑公司，又失败了。NeXT 电脑主攻教育市场，然而，离开了消费市场，面对大学董事会暗箱操作的采购合同，NeXT 毫无优势，结果，这个生产计算机的公司只能改做软件。虽然它开发出了最好的操作系统之一，但公司在 10 年后，依然没有起色，到了倒闭的边缘。

几经失败之后，乔布斯开始反省并意识到自己的错误。他用 1000 万美元通过收购而成立的皮克斯动画工作室，不仅在商业上大获成功，还让他脱离了电脑的狭隘小圈子，具有了更加广阔的视角。他开始认识到什么才是用户想要的，而不仅仅是自己想要的，还有如何与别人合作，顺应行业潮流。性格孤傲的乔布斯，为了迪士尼强大的发行渠道，竟然愿意与后者签下不平等的合约。

1996 年，在离开 11 年后，乔布斯重回苹果，不仅与公司重归于好，还在不久后重新成为公司领导人。但此时苹果由于经营不善，已经走到了破产的边缘。乔布斯面临有生以来最大的挑战，他必须挽救自己所创立的公司。

乔布斯对苹果的组织结构和产品理念进行了大刀阔斧的改革。曾经狂妄自大的他现在变得谦逊温和、成熟圆通，甚至不介意比尔·盖茨对他的欺骗，让微软投资苹果走出财务亏损危机。只要有利于用户利益，他便愿意做出各种退让，如第一款 iPod 因为不兼容 Windows，一年时间只卖出了10 万台，随后苹果便做出了音乐管理软件 iTunes，并完全与 Windows 系统兼容，最终才让 iPod 的年销量在 2004 年超过 800 万部。

乔布斯的锐意改革和自我反省，不仅使公司复活，更在 15 年后达到顶峰，成为全球市值最高的公司。

乔布斯的经历说明，一个企业领导者如果能够在失败中自我反省，他收获的不仅是个人的成长，更是一个企业的复苏与辉煌。

用心感言

> 失败并不可怕，可怕的一再失败却毫无长进。我们都说"失败是成功之母"，但前提必须是用心反省。只有每一天都用心反省自己的失误和失败，才可能有每一天的持续进步。

 ## 每天进步一点点

通用电器公司一直使用这样的口号来激励员工：进步本身就是公司最重要的一项产品。

一桶新鲜的水，如果放着不用，不久就会变臭；一个经营良好的公司，如果不能持续进步，就会逐渐地衰退。每个员工在每天的工作之中都要有所进步。这种自我超越式的创新精神，是每个人成就卓越的必要修炼。

一个用心工作的人，会把进步变成自己最重要的一项产品。他每天都会想："我今天要怎样把工作做得更好？""我还能为顾客提供哪些特殊的服务呢？""我该如何使工作做得更有效率呢？"……一个人如果真正相信自己能做得更多，他就能每天都取得进步。

美国汽车业有一位推销员，连续好几年都是公司排名第一的推销高手，他每天工作到很晚回家走进房间时，都会看到他的书桌前面贴着的一句话："今天你还需要再卖一台车才能睡觉。"于是，他便又跑出去卖了一辆车。

进步，就是在向前走，就是一天比一天强，就是对现状有所突破，就是在用一种崭新代替一种陈旧，而且是每天都如此。

香港海洋公园有一条大鲸鱼，虽然重达几千公斤，却不但能跃出水面6米以上，还能为游客表演各种杂技。这条神奇的鲸鱼引起了人们的好奇心，想知道训练师到底有什么训练的秘诀。训练师说，在最初开始训练时，他们会先把绳子放在水面之下，使鲸鱼不得不从绳子上方通过，每通过一次，鲸鱼就能得到奖励。渐渐地，他们会把绳子提高，只不过每次提高的幅度都很小，大约只有两厘米，这样鲸鱼不需花费多大的力气就有可能跃过去，并获得奖励。于是，这条常常受到奖励的鲸鱼，便很乐意接受下一次训练。随着时间的推移，鲸鱼跃过的高度逐渐上升，最后竟然超过了6米。

其实，这也正是许多人取得成功的一个诀窍：每天进步一点点。微不足道的一点点进步积累起来，天长日久，便会有惊人的成就。

20世纪80年代，美国NBA洛杉矶湖人队的主教练帕特·莱利成功运用了这一诀窍。当时湖人队正处于低谷。为了鼓励队员们重燃争夺冠军的激情，也为了减轻他们的压力，使他们不要背上失利的包袱，莱利告诉球队的12名队员说："今年我只要每人比去年进步1%就行了，你们有没有问题？"球员们一听："才1%，太容易了！"

于是，每个队员都在罚球、抢篮板、助攻、抢断、防守这五个方面各进步了1%，结果那一年湖人队重新夺回了总冠军，而且大家都感觉比以前夺冠要轻松得多。

当有人询问原因时，帕特·莱利是这样回答的："如果每个队员都在这五个方面各进步1%，加起来就是5%，12个人就是60%，一年有这么大进步的球队，你说能不夺得冠军吗？"

二战之后，日本企业的迅速崛起，在激烈的市场竞争中赢得主导市场的地位，也归功于"每天进步一点点"的诀窍。

众所周知，日本企业所生产的产品向来以品质优秀著称，不管是电子产品、家用电器、汽车，日本产品的品牌在世界上都算得上一流。日本人为什么对产品品质有如此高的重视呢？原因来自于美国著名的质量管理大师戴明博士。

二战后，戴明博士应日本企业的邀请，前往日本去为重振日本经济出谋划策。他对日本企业界提出了"品质第一"的法则。他向日本企业界说，如果想让日本的产品畅销全世界，就必须在自己的产品品质上下功夫。他认为，产品的品质不光要符合标准，而且还要随时随地、永无止境地追求进步，即便每天只进步一点点。当时，有很多美国人认为戴明博士的理论很可笑，然而日本人却奉为"圣经"并完全坚决执行，这才有了日本企业在世界市场上的辉煌的成就。日本人把功劳归于戴明博士，以他的名字命名的"戴明品质奖"，至今仍是日本品质管理的最高荣誉。

到了20世纪80年代初，当福特汽车公司遭到日本竞争对手的冲击而一年亏损数十亿美元时，也邀请了戴明博士回美挽救公司。戴明到福特公司后，依旧十分强调产品品质每天进步一点点。福特公司的管理层对戴明的理论心怀疑虑，但又想反正"死马当活马医"，于是在全公司范围内坚决执行此法则。在贯彻了三年之后，果然逐步扭亏为盈，最后达到了一年净赚60亿美金的高效益。

成功的秘密就是这么简单：每天进步一点点。不论是一个人还是一个企业，乃至一个国家、一个民族，只要用心随时随地追求进步，每天进步一点点，就能取得举世瞩目的成就。

用心感言

"不积跬步，无以至千里"，讲的就是每天都要有所进步的道理。随时随地追求进步，每天努力一点点、每天主动一点点、每天学习一点点、每天创造一点点……坚持不懈，有一天你会发现，在不知不觉中，你已经踏上了成功的彼岸。

在工作中不断提升自我价值

有一家大公司的副总曾经谈到他的用人经验。他说，他把某项工作及方法交代给一个人，如果在几个月之后，他发现那个人还在用同样的方法做同样的事情，他就不会提拔这个人了。

这位公司老总之所以有这样的观念，主要源于他自己成长的经历。在工作中，每当领导安排给他一项新的任务或者是新的工作后，他就会不断地用心思考，不断地调整做事的方法。几个月下来，他的工作方法因此而有了比较大的改善。在做同样一件事的时候，他所采用的方法比从前更加巧妙了，与此同时，所取得的成果也更丰富了。

因为自己有这样的经历，所以这位老总清楚地知道，什么样的人是值得提拔的——就是那些不仅认真工作，而且更愿意用心思考的人，就是那些用不断提高工作方法中的有效成分来证明自己在思考的人。相反，那些墨守成规，长期按照领导教给自己的方法去做事的人，他们不用心思考，同时也不愿意提升自我价值，这也就是他们得不到提拔的原因。

任何一个人如果不能够在工作实践的过程中，完成自身的不断进步，也就是说没有提升自我价值的意愿和决心，这样的人你再给他机会，你再提拔他也是徒劳的，因为他们是不愿意用心工作的人。

一个用心工作、时时注意提升自我价值的人，他会经常寻找工作中的问题，并去思考如何加以解决；他们不因为某一个方法是领导交代的，就一直坚守下去，而是根据工作的变化和自己能力的提高，不断地修正这些方法；他们用心工作的成果，必然从他们不断增强的工作能力和不断改进的工作方法中表现出来。

齐瓦勃出身贫寒，只受过短暂的学校教育。15岁那年，他到一个山村做了马夫。然而齐瓦勃并没有自暴自弃，无时无刻不在寻找着发展的机遇。三年后，齐瓦勃来到钢铁大王卡内基所属的一个建筑工地打工。一踏进建筑工地，齐瓦勃就抱定了出人头地的决心。当其他人在抱怨工作辛苦、薪水低而怠工的时候，齐瓦勃却默默地积累着工作经验，并自学建筑知识。

一天晚上，同伴们在闲聊，唯独齐瓦勃躲在角落里看书。那天恰巧公司经理到工地检查工作，经理看了看齐瓦勃手中的书，又翻开他的笔记本，什么也没说就走了。第二天，公司经理把齐瓦勃叫到办公室，问："你学那些东西干什么？"齐瓦勃说："我想我们公司并不缺少打工者，缺少的是既有工作经验、又有专业知识的技术人员或管理者，对吗？"经理点了点头。

不久，齐瓦勃就被升任为技师。"我要在业绩中提升自身价值。我要使自己工作所产生的价值，远远超过所得的薪水，只有这样我才能得到重用，才能获得机遇！"抱着这样的信念，齐瓦勃一步步升到了总工程师的职位上。25岁那年，齐瓦勃又成了这家建筑公司的总经理。

卡内基的钢铁公司有一个叫琼斯的工程师兼合伙人，在筹建公司最大的布拉德钢铁厂时，发现了齐瓦勃超人的工作热情和管理才能。当时身为总经理的齐瓦勃，每天都是最早来到建筑工地。当琼斯问齐瓦勃为什么总来这么早的时候，他回答说："只有这样，当有什么急事的时候，才不至于被耽搁。"工厂建好后，琼斯推荐齐瓦勃做了自己的副手，主管全厂事务。

两年后，琼斯在一次事故中丧生，齐瓦勃便接任了厂长一职。因为齐瓦勃的天才管理艺术及工作态度，布拉德钢铁厂成了卡内基钢铁公司的灵魂。几年后，齐瓦勃被卡内基任命为钢铁公司的董事长。

齐瓦勃担任董事长的第七年，当时控制着美国铁路命脉的大财阀摩根，提出与卡内基联合经营钢铁。开始的时候，卡内基没理会。于是摩根放出风声，说如果卡内基拒绝，他就找当时卡内基的老对手贝斯列赫姆钢铁公司联合。这下卡内基慌了，他知道贝斯列赫姆若与摩根联合，就会对自己的发展构成威胁。

一天，卡内基递给齐瓦勃一份清单说："按上面的条件，你去与摩根谈联合的事宜。"齐瓦勃接过来看了看，对摩根和贝斯列赫姆公司的情况了如指掌的他微笑着告诉卡内基，按这些条件去谈，摩根肯定乐于接受，但公司将损失一大笔钱。经过分析，卡内基承认自己高估了摩根。

卡内基全权委托齐瓦勃与摩根谈判，取得了对卡内基有绝对优势的联合条件。摩根感到自己吃了亏，就对齐瓦勃说："既然这样，那就请卡内基明天到我的办公室来签字吧。"齐瓦勃第二天一早就来到了摩根的办公室，向他转达了卡内基的话："从第51号街到华尔街的距离，与从华尔街到51号街的距离是一样的。"摩根沉吟了半晌说："那我过去好了！"摩根从未屈就到过别人的办公室，但这次他遇到的是全身心投入的齐瓦勃，所以只好低下自己高傲的头颅。

就这样，齐瓦勃从一个普通打工者开始，直到成为公司的管理者，从未停止自我提升的脚步，不断创造出色的业绩。直到有一天，他终于完成了从打工者到创业者的飞跃，建立了大型的伯利恒钢铁公司，取得了非凡的成就。

用心感言

　　一个人是否用心工作，要看他是否能在工作中不断提升自我价值。如果你用心工作，即使工作再烦闷、枯燥，你也能从中挖掘自我价值和潜能，不断取得进步。

用心激发内在的潜能

　　每个人身上都有巨大的潜能，这已经不是什么新鲜话题了。科学研究早就发现，如果一个人仅发挥出一小半的潜能，就可以轻易学会40种语言，记住整套百科全书，获得 10 多个博士学位。也许你会觉得有些不可思议，但大脑的确像一个沉睡的巨人，从生至死，一个普通人只用了不到1% 的脑力。

这让人联想到一个故事：有位老人在自己的土地上挖掘出大量的石油，一夜暴富。穷苦了大半辈子的他，马上买了一辆凯迪拉克高级轿车。这辆车堪称当时款式最新、马力最强的车型，但老人却完全没有真正地驾驶过它，因为在这辆气派非凡的汽车前面，老人安排了两匹马负责拉车，即使机械师再三保证汽车本身的引擎完全正常，但是老人却从没想过要用钥匙激活引擎！

事实上，许多人的一生也是这样度过的。他们只知道车外那两匹马的力量，却不知道车内的引擎足足有 100 匹马力之强；他们从来没有用心分析和了解自己，开发自己的潜能。正如一位心理学家说："人类本身具备的能力往往只发挥了 2% ~ 5%。"

爱迪生曾经说："如果我们做出所有我们能做的事情，我们毫无疑问地会使我们自己大吃一惊。"

所以，我们不必总是担心自己不行，担心自己无法胜任工作。我们身上蕴藏的巨大潜能并不比那些成功者少，只要再开发出一丁儿点，就可以令自己成果斐然了。然而，问题的关键在于你是否用心做事。一个做事无所用心的人，即便面对巨大的潜能也会视而不见，任由它沉睡。反之，如果你肯用心做事，开发自身潜能，巨大的潜能总有喷涌而出的一天。

尼亚加拉大瀑布在过去好几千年的岁月里，始终有上万吨的水从 180 英尺的高处倾泻至深渊中。有一天，有人实行了一项伟大的计划，他让部分落下的水流经过一个特殊装置，进而产生强大的电力。从此以后，这种新能源为人们的生活带来了诸多的便利，甚至推动了工业的发展。也就是说，只有当人们用心发现并利用瀑布的能量后，瀑布的水力潜能才真正发挥出来，而不至于白白浪费。

我们也曾经不止一次在报纸上看过这样的新闻：某人在危急时刻迸发出巨大潜能，从而创造了不可思议的奇迹。为什么会有这样的事发生？就因为人在极度危急之时，心智和精神自然而然地集中到某一个点上，从而引发了潜在的力量。这说明，只要你能把所有的心思都集中于某件事上，你的潜能就有了被唤醒的可能。

只有用心，你才会有信心去激发潜能。美国"汽车大王"亨利·福特曾经说过："如果你认为自己能够成功或是认为自己不能成功，通常情况下你都是正确的。"人一旦真正用心做事，他的所有潜能都会被激发出来，那成功只是个水到渠成的结果罢了。

福特在决定制造著名的"V8"型汽车时，要求工程师们在一个引擎上铸造8个完整的汽缸，这是史无前例的，所以每一个工程师都在摇头——"这是不可能的。"然而如果不干就会失业，所以他们硬着头皮开始了新的研制。实际上，他们并没有信心完成，因而他们身上的创造潜能也没有被激发出来。这样过了半年，一点儿进展也没有。福特开始寻找新的工程师来完成这项研制活动。经过反复筛选，他选择了几个对研制充满信心而且也肯用心的人。

正如福特所料，经过反复的研究和实践，新挑选的几个工程师终于找到了制造"V8"型汽车的关键点，把不可能变成了可能：福特公司成为历史上第一家成功铸造出整体V8发动机缸体的公司。

无独有偶，据苹果公司的一位工程师回忆，有一次，在设计一款电脑时，乔布斯秉着用户体验至上的原则，要求用小一点儿的机箱，这样用户看着舒服，但技术人员认为，要把所有的元器件都塞入这"理想"的机箱里，几乎是不可能的。但在乔布斯的坚持下，他们殚精竭虑，还是把不可能变成了可能。

有人认为，乔布斯最大的过人之处，就是能把人的潜能给激发出来。他总是能够使别人相信他的那些看似荒唐的想法，督促人完成看似不可完成的任务。于是那些最优秀的人可以忍受他的狂傲自大，忍受苛刻的待遇，只想与他一起完成一些在别处完不成的工作。苹果公司一系列划时代的创新产品，就是在一次次打破"不可能"中完成的。

但乔布斯本人又是怎么看的呢？他曾经说过："我相信最终是工作在

激发人们的潜能，有时我希望是我来推动他们，但其实不是，而是工作本身。"

确实如此，这世上没有任何人能真正激发出你的潜能，除了你的工作本身。你对工作如果缺乏信心，无所用心，那么再厉害的鞭子也不能唤醒你身上沉睡的潜能。

用心感言

　　每一个成功者所走过的道路各不相同，但有一点是一致的，那就是善于开发自身的潜能。这其中没有别的秘诀，除了用心。一个人只有用心工作、用心思考，才能发现自己身上蕴藏着多么巨大的能量，并把它发挥到极致。

不断突破生命的高度

有一个年轻人非常渴望成功，但一直没有什么作为，为此他非常苦恼。有一天，他去拜访一位智者，向他请教成功的秘诀。智者正在他的果园里采摘苹果，听了年轻人的来意，智者什么也没说，而是让他帮自己将高挂在树梢上的一个大苹果摘下来。年轻人的个子并不算低，尽管他使劲踮起了脚，还是无法摘到那个硕大的苹果。智者看到这一情形，笑了笑说："年轻人，你为什么不跳起来试一试呢？"

年轻人听了智者的话，跳了一次，没有摘到，又跳了第二次，还是没有摘到。他停下来，稍微休息了一下，顺便调整一下自己的情绪，然后突然奋力一跳，那个硕大的苹果就轻松地握在他的手中了。

在摘到苹果的那一刹那，年轻人的心中一亮，他终于明白，智者这是在告诉他：一个人如果想要成功，就必须学会跳起来采摘那些看起来高不可取的苹果。只有这样，你才有可能品尝到成功的真正滋味。

我们的成长也是这样，为了实现一个个高高在上的梦想，我们需要做的就是一次次地起跳，不断突破生命的高度。如果你没有"苹果"可摘，也没有高高跳起的热情，你的人生不可能有大的作为。

　　有许多成功者，他们的人生从未停止突破。在摘到一个"苹果"后，他们又接着挑战更高的新"苹果"，不断向更高、更大、更能用心投入的目标努力迈进，直到人生的终点。

　　艾摩斯·帕立舒被公认为百货业最伟大的推销员，他每年在纽约大都会饭店举办例行演讲时，偌大的会场总是挤满了全国各百货公司的经理，屏息敛气地聆听他分析市场概况和发展趋势，这足以证明他取得的成就。但他从没有认为自己已完成了一切。他永远在起跳，一生都在向更高的"苹果"挑战。直到晚年，他的头脑仍旧十分敏锐，不断产生出人意料的新构思。甚至在他94岁因病逝世的前两天，他仍一如既往地对人说："我又有了新的构想，是个非常美妙的构想呢。"

　　有一位杰出人士的成长经历，也向我们诠释了不断突破生命高度的重大意义。

　　他是个极其不幸的人，出身贫寒。母亲和父亲在他很幼小的时候就离婚了，之后母亲带着他先后改嫁了三次，辗转多个地方，过着漂泊不定的生活。他从来没有享受过家庭生活的温暖与甜美。

　　17岁那年，他高中还没有毕业，和母亲吵了一架，赌气离家出走，之后就再也没有回来。他决定用自己的双手养活自己，靠自己的努力闯荡出一片属于自己的天地。

　　最初，他在街头摆地摊儿，出售一些廉价的日常用品勉强糊口。后来又干过餐厅服务员、推销员……直到最后，他来到一家银行，做了名清洁工——负责清洗厕所，才拥有了一份较为稳定的工作，暂时安定下来。

　　在银行工作的时候，他穷困潦倒，所有的家当也只有一辆价值900美元的二手"金龟车"。他租不起房子，每天只能缩在车里过夜。而且，睡觉的时候，他还必须开着那辆破车停靠在一家连锁店门口，才可以安然入睡。因为，这家商店门口是24小时免费停车——当时他连停车费都支付不起。直到后来，他才勉强住在一个仅有 10 平方米的单身公寓里，但每天只能在浴缸里洗碗盆。

那段时间，是他人生最不堪回首的日子——失意，沮丧，内心痛苦不堪。他一直期盼着有一天能够有所改观。

这一天终于让他等到了。26 岁那一年的一天，他的一个朋友跑来告诉他一个好消息——潜能激励大师吉米·罗恩要来讲学，有一个课程培训正在招收学员，问他有没有兴趣参加。他一下子就兴奋起来，因为他实在太想改变现状了。

然而，那个课程的培训费用竟然需要 1200 美元，这对于他来说实在是太昂贵了。但面对这生命中的第一个"苹果"，他强烈改变自己的愿望最终战胜了失望与胆怯。他四处举债，跑了 44 家银行，但没有一家愿意借钱给他。正在他一筹莫展、穷途末路的时候，他所工作的那家银行经理，听说了他的事情，被他的执著感动，自掏腰包，借给他 1200 美元，他才得以顺利完成那次难得的学习。

那次培训彻底改变了他的人生，从此他开始了不断突破生命高度，摘取一个又一个"苹果"的历程。

最初，他追随吉米·罗恩大师学习成功学理论和演讲艺术，很快成长为吉米·罗恩大师手下一名杰出的潜能训练师。

后来，他很快从中开发出一套独具个人魅力的课程，开始另立门户，独立帮助别人实现心灵的成长与人生的梦想。因为他卓有成效的培训效果，让他的事业获得了空前的发展。他开始出版个人专著，四处演讲，迅速在美国各州与世界各国家建立自己的分支训练机构。

每年，有数百万人通过他和他的机构，获得有效的帮助。他还曾协助职业球队、企业总裁、名人富豪、国家元首激发潜能，帮助他们渡过各种困境与低潮。

他不断突破，"跳"到了一个以前无法想象的高度：不但结束了穷困潦倒的单身生活，建立了幸福的家庭，还买下了临太平洋边的一个城堡，拥有了私人直升机。他白手起家，建立了自己的庞大公司，后来积累下亿万个人财富。

他，就是安东尼·罗宾，当今世界最成功的潜能开发专家，享誉世界的成功学大师。他在不断突破自身生命高度的同时，也深刻改变和影响了许多人的人生。

敢于超越自我

用心工作的人都知道，工作中的快乐是在朝着目标努力拼搏时才能体会到的，而不是在达到目标之后。因此，总是能感受到工作的快乐的人，往往是那些不断超越自我、永远在向更高层次迈进的人。而满足于现状，不想有任何改进的人，不但与这种快乐无缘，更无法取得随快乐而来的成就。

我们的人生和工作就好像攀登高峰。有些人攀登到某个顶峰，就认为自己再无法突破，于是顺着原路一步步走下去。也有些人，抬头远眺，看看有没有其他更高的山峰，然后接着攀登那座更高的。

成功的人生没有止境的，你要做的就是不断超越自我。那些为一两次成功就沾沾自喜的人，他们无法超越自己现有的成就，也就创造不出新的奇迹。

你可以去问任何一个成功人士，"你打算何时退休呢？""你觉得产品的第几代是终结版呢？"他们或者摇摇头微笑一下，或者直截了当地告诉你，从来没想过这个问题，只要走下去就是了——走下去，这便是超越的勇气。

爱迪生常说："人生需要时常都有收获，决不能一生就收获一次。"爱迪生21岁时发明了投票计数机，获得了生平第一个专利，发了一笔财。但爱迪生没有停下来享受荣誉，他马不停蹄、夜以继日地开始了更伟大的研究之路。他研制电灯经历了1300多次的失败，研制摄影机用了5年的时间。如果算上他16岁那年发明的自动定时发报机的话，爱迪生一生共有1000多项发明，几乎平均每过12天就会有一项新发明诞生。

大多数画家在创造了一种适合于自己的绘画风格后，就不再追求改变了，当他们的作品得到人们的赞赏时更是这样。毕加索却不是这样，他永不满足于现状，总是寻找新的思路和手法来表现他的艺术感受。他在90岁高龄开始画一幅新的画时，对世界上的事物就像第一次看到一样。

对于甲骨文公司的创始人拉里·埃利森来说，挑战自我极限是人生中最大的乐趣。他在32岁之前还是个默默无闻的人，在20多年之后却成为世界上仅次于微软比尔·盖茨的第二富有的CEO。他还是世界上唯一以喷气式战斗机作为自己座机的超级富豪，并曾亲自驾驶自己的帆船参加悉尼国际帆船赛，连续行驶三天三夜，最终夺得冠军。

拉里·埃利森曾经说过："我们对自己的极限总是抱有无穷的好奇心。对我而言，软件行业是个艰难的考验。这是一次更高水准的竞技游戏，而且游戏中的对手很多，所以玩起来更有趣，更刺激。"

埃利森在1977年创办自己的公司的时候，大胆地将企业的产品定义为还没有人尝试过的关系数据库产品。那时大多数人认为关系数据库不会有商业价值，因为速度太慢，不可能满足处理大规模数据或者大量用户存取数据。结果，美国中央情报局对这种产品很感兴趣，并向埃利森提供资金，让他们推出了独创性的数据库产品，从而赢得了几笔至关重要的交易。埃利森和他的团队充满了勇气，发现他人看不到的潜在市场，并成功地让产品成为了公司的利润源泉。

挑战自我极限需要具备面对失败时自我纠错、重新崛起的能力。在甲骨文公司初创时期，公司规模并不大，对埃利森来说，管理并不是个什么问题。但在 1986 年甲骨文公司上市以后，公司的快速发展使管理成为一个急需解决的问题。埃利森选招了工程师出身的沃克出任首席财务官，他凭着经验和喜好去选择人的做法让公司走上了危险的道路，再加上销售负责人肯尼迪错误的承诺措施带来的大批应收账款问题，1991 年公司几乎处于毁灭状态。

当时困难重重，拉里·埃利森却一直没有放弃，任用了财务经验丰富的罗恩·沃尔，解决了公司的资金问题，又选择了管理出色的雷·莱思作为自己的搭档。到 1994 年，甲骨文公司已在残酷的数据库竞争中成熟。作为一个勇敢的领导人，埃利森从失败中重新崛起，并培养出自己做正确决策的能力。

拉里·埃利森坚信拥有普通技术和一流市场能力的公司总会打败拥有一流技术但拥有普通市场能力的公司。他到处宣讲公司产品的特性和关系数据库的概念，也正因为他的市场为先导的策略，才使他能够抓住每一次机会，让公司永远领先别人一步甚至几步。

埃利森更以不断挑战极限的勇气，连续多年向微软和比尔·盖茨下战书，结果 2000 年 4 月 28 日，甲骨文公司的市值一度超过了微软，而使他第一次登上了世界首富的宝座。虽然他的胜利非常短暂，不过他有足够的信心和远见战胜微软，他坚信基于数据库的互联网就是计算机的未来。

有人称埃利森是唯一一个在大型机时代创建了企业，把它带入了客户机/服务器时代，之后又把它带进互联网时代的技术公司的首席执行官。时至今日，埃利森领导的甲骨文公司已成长为美国最重要的高科技公司之一。

如果埃利森没有创办公司，凭借他的技术能力，对技术的狂热，他应该能在硅谷成为一个卓越的技术人员。然而，对于一个喜欢挑战极限的人来说，成功是没有极限的，不断地超越自我就是他人生中唯一的选择。

不要满足于现状，也不要让既有的"成功"绊住了你。你需要向更高的目标看齐，不断地成长，用心对待人生中的每一件事，把昨天的自己远远抛在身后。

把老板当成最好的老师

　　许多人在找工作时只顾考虑薪水待遇，一直忽略了这样一个重要问题：哪位老板能够对我将来要从事的工作进行有意义的指导？

　　要知道，一个出色的老板如同一位好老师，他知道如何启发和教导你，他可以让日复一日单调乏味的办公室变成一个学习的地方。尤其对于用心工作、努力向上的员工来说，随处都是智慧，无处不是学问，随时随地向老板学习，是让自己迅速成长的重要途径。

　　用心的员工会时时刻刻仔细观察老板的言行举止，会留心作为一个管理者所必须掌握的知识，以及必须在哪些方面积累丰富的经验。通过这样的学习，工作能力才可能得到提高，才会在自己独立创业的时候做得更好。

　　1993 年，方杰在杭州创办了杭州奥普电器有限公司，并创造了浴霸这种全新的卫浴电器，在改变中国人卫浴习惯的同时也缔造了一个全新的行业。奥普浴霸发展很快，人们觉得这家公司的成功似乎是一蹴而就的。但方杰知道，他的成功并非一朝一夕之功。

　　当年在澳大利亚留学的时候，方杰就有意识地到澳大利亚最大的灯具公司里打工。当时他还不懂商业谈判。他知道自己的缺陷，很希望学会谈判的本领。恰好他当时的老板正是一个谈判的高手。于是每当有机会随老板一起进行商业谈判的时候，方杰总是在口袋里偷偷揣上一个微型录音机，将老板与对方的谈判内容一句句地录了下来，然后再回家细细地听，并且揣摩、学习，看看老板是怎样分析问题的，对方是怎样提问，老板又是怎样回答的。

方杰就这样学习老板，几年以后也成为了一个商业谈判的高手。最后老板退休了，把位子让给了他。到了1996年，方杰差不多已经成了澳洲身价第一的职业经理人。于是，回国创业就成了水到渠成的想法。奥普浴霸就是在这样的基础上创立和发展起来的。方杰并不是一个天生的生意人，他的成功很大一部分是虚心向老板学习的结果。

全球第二大微处理器芯片供应商 AMD（中国）有限公司的女总裁郭可尊也是一个擅长向老板学习的好"学生"。

郭可尊曾是一位优秀的技术人员，没有专门学过管理，但她却同样擅长管理，她的本领都来自于自己打工时的老板。她说："我的管理与领导经验都是向每一位管理过我的老板学习与积累的。因为这些直接的管理过程在我身上实施，我最了解它的结果与作用。在我成为管理者之后，我积累并发展我在自己老板身上学习到的管理模式，使我很快成为一名优秀的管理者。与他们朝夕相处的日子里，几乎每天都感受到在上一堂堂生动的MBA课程。"

郭可尊的第一位老板是一个细心的犹太人，精明并善于挖掘每个员工的潜能。他经常把郭可尊叫到他的办公室，让她给他讲自己设计的思路，每次他都说，你还没有讲完整，你应当再去想。

她还碰到一位有非常强硬领导力的老板，是他的帮助，让她从一个中层管理者成长为一名高级管理者。他尤其善于发现与培养女性高管，美国多位著名女 CEO 当年都是出师于他门下。

他相信郭可尊会成为未来公司的重要领导人，为此把她推荐到 CEO 报告年会上为大会做一个报告，同时也把她推荐给公司最高的领导层。郭可尊精心准备了一份报告，却被他斥为一堆事实的罗列，他说："我们要的是看到一位来自中国的领导者，她需要告诉公司的最高层们及全球员工，她有能力带领公司在中国取得成功，要让所有的人相信她是一个坚强的领导者，而不是一个职员。"

就这样，在几位优秀老板的教导和栽培下，技术出身的郭可尊积累了丰富的经验，迅速成长起来。她不仅已经是 AMD 全球持续发展最倚重的女人，同时也是国内 IT 领域最具影响力的人之一，被媒体评价为"让英特尔如坐针毡的强势女人"。在她的领导下，AMD 在中国市场愈发壮大。

优秀员工的成长必定有一个出色的老板做导师。但如果你发现自己的老板无法教你更多的本领，无法帮助你达到预期的计划，那么你就应该毅然决然地离开。毕竟，人无权选择自己的父母，但是却有权选择自己的老板。

用心感言

　　成功的诀窍之一，就是随时随地向更优秀的人学习。你要当老板，就得学习怎么当老板。如果你有提升自我的意愿和决心，愿意用心去学，那么公司就是你的大学，老板也能成为你的导师。

第 八 章
认真做当下的事，用心把眼光放远

认真低头做事，用心志存高远

有一句话普遍受到推崇，这就是——"活在当下"。活在当下，看似简单，却是一种真切实在的智慧。过去的已经过去，未来的还没有到来，我们唯一能绝对把握的只有当下。认真做好当下的事，才能拥有未来的成就。

但活在当下，并不等于低头前行，对前方的一切不闻不顾。一个人如果没有对未来的洞察，没有高远的志向为引导，只是蒙眼瞎走，所谓的"活在当下"就完全失去了意义。

所以，在认真做事的同时，你还需要把头抬起来，把前方看清楚。只有用心，你才能高瞻远瞩。

正如弗兰克·盖恩所说："只有看到别人看不见的事物的人，才能做到别人做不到的事情。"

你的志向和梦想是引导你走向成功的灯塔，前提是这个灯塔的灯光必须照得足够高远。一个人如果缺乏富有远见的志向，即便再认真努力也成就不大。在 19 世纪，美国专利局里有人建议关闭专利局，因为他觉得不会再有人能发明什么有价值的东西了。看看自 1900 年以来的科技进步，我们会明白，有人竟提出那样一个建议，真是令人难以置信，这就是缺乏远见的后果。

100 多年前，有一位名叫莱特的主教与他的朋友一起吃饭。席间，主教认为耶稣很快会再度降临，原因是一切事物的本质都被发现，所有可能的发明都已实现。他的朋友不同意，他认为未来的 50 年中会有许多意想不到的发明，比如人类会飞上天。莱特主教听了生气地说；"胡说八道！只有天使可以飞。"

这位主教有两个儿子，就是日后有名的莱特兄弟。他们显然比父亲更有远见，因为他们把父亲认为"不可能"的事变成了现实。

关于志存高远，清代"红顶商人"胡雪岩有一句名言："做生意顶要紧的是：眼光看得到一省，就能做一省的生意；看得到天下，就能做天下的生意；看得到外国，就能做外国的生意。"

同样，全球著名人际关系专家哈维·麦凯也说过："不管你做什么，哪怕你只是开一间小小的杂货店，你只请得起一名员工，你也一定要想，如何把你的企业集团化、国际化。"

美国的玫琳凯女士，46岁时被上司突然降职，只因为她是女性。但她并没有自暴自弃，这次打击让她看清了自己的志向：建立一个能够给所有女性提供平等机会、帮助更多女性实现自己价值、丰富女性人生的公司。

1963年9月3日，玫琳凯正式成立了玫琳凯化妆品公司。公司以5000美元起家，从只有9名普通的家庭妇女，发展到今天在全球拥有130万名美容顾问的跨国公司；从办公场地只有46平方米的仓库，发展到遍布全球36个国家和地区、年营业额达25亿美元的大型化妆品企业集团，并成为全美最畅销的护肤和彩妆品牌。全球数以百万计的女性，因为她而变得美丽动人，更因为她而获得了事业机会。

这一切的发生，都源于一个人高远的志向。

每一个有所为的人都是志存高远的梦想家。他们比别人更用心去看周围发生的一切，更能洞见时代的变化潮流，所以他们能把握住未来的趋势，并努力去把高远的志向变成现实。

1889年5月，合成橡胶被投入工业应用时，还在读大学的法国青年爱德华发现巨大的商机就要到来，他和哥哥安德烈双双放弃了学业或职业，回到家乡，在父亲的一家小型农机厂的基础上创办了米其林橡胶轮胎厂，此后，不仅马车、自行车，就是后来出现的汽车、摩托车、飞机都用上了米其林的轮胎。这就是志存高远。

1975年，比尔·盖茨预见到计算机将导致一个软件市场的诞生；他坚信可以靠出售软件赚一笔大钱。他马上要做的事情就是开办一家自己的软件公司。为此，比尔·盖茨必须做出选择：要么不办公司继续在哈佛念书，要么办公司离开哈佛。比尔·盖茨思索再三，终于做出了决定：离开哈佛，立即投身计算机事业。这也是志存高远。

回头再看看刘永行兄弟、丁磊、陈天桥这几位国内成功人士的经历，不难发现一个共同点：他们都有过辞去理想职业的经历。刘永行兄弟三人都辞掉了行政事业单位的公职，丁磊辞掉了邮电系统的公职，陈天桥辞掉了大型国有企业和证券公司的工作，而这些职位是常人所看重的，如果他们认真工作，要保持优越的生活并不难。而促使他们毅然辞职的原因很简单：他们用心看到的是更广阔、更富有诱惑力的未来——这同样是志存高远。

用心感言

高远的志向是完成大事业的先导。所以，最重要的不是你现在在做什么，而是你是否清楚将来要做什么。你在认真把握当下的同时，还要用心把眼光尽量放远。如果你能够预见到事情发展之必然，同时也有决心和能力去实现它们，就没有任何人能挡得住你迈向成功的脚步。

 ## 更用心，就会更有远见

关于远见，这里有一个感人至深的故事：

1985 年，英国牛津大学校方在工程检查后发现，有 350 年历史的学校大礼堂的安全性已经出了问题。20 根由巨大橡木制成的横梁已经风干朽化，失去了支撑力，必须得更换才行。

校方请人估算了更换梁木的价格。由于那么巨大的橡木已经很稀少了，预估每根横梁要花 25 万美元。但即便如此，也没把握找到那么大的橡树。

面对巨额预算，校方焦头烂额。如果不募款，恐怕没有办法进行修缮。这时，一个意外的好消息化解了危机。园艺负责人前来报告：350 年前设计大礼堂的建筑师已经想到后代会面临的困境，所以早早请园艺工人在学校的土地上种植了一片橡树林。现在，每一棵橡树的尺寸都超过了横梁所需。

350 年后，那位不知名的建筑师的用心让人肃然起敬，这才是真正的远见。正由于他比一般人更用心考虑未来的种种可能，后人才得以享受他的恩泽。

有一句老话——"人无远虑，必有近忧"，说得就是做事要把眼光放长远些，不要盯着脚尖走路，否则头撞南墙也不知道。

从成功学的角度说，在这世界上，没有哪个人是因为短视而成功的。成功人士都具有远见卓识，他们的眼光从不短浅，他们比普通人多了一份用心，总能站在长远的角度考虑问题，因此有大计划、大目标、大步骤和大行动。

威勒是 18 世纪美国最负盛名的房地产商和银行家。年轻的时候，他是一家银行里一个普通的职员。他本来是在一个亲戚的店铺里帮忙，因为勤快肯干，深为亲戚信任，就让他负责跑银行的业务。因为经常到银行去，同银行里的人就熟悉了。银行老板看他机灵诚实，决定聘请他做银行的职员。在银行里，威勒的才华很快显露出来，很快升为主管，负责对房地产方面的投资。

18 世纪正是美国历史上大规模的开发建设时期，房地产开发日益升温。在华盛顿的近郊有一块地皮，威勒认为有无限的开发前景，应该买下来。银行里其他的同事没有人同意他的观点，他们认为那里偏僻荒凉，不会有开发的前景，投进去很可能就烂在了那里。

但是威勒比他们更用心考虑未来。他认为，美国的经济正在进入大发展的时期，无数的农民拥到城市里来，华盛顿用不了几年就人满为患，就

257

必须扩大城市规模，而那块地方无论从哪个方面说都是开发建设的首选。同事们不以为然。老板也拿不准，但是凭着自己对威勒的信任，决定让威勒放手去买这块地皮，并负责那里的开发。

就在威勒买下地皮，办完有关的法律文件，刚刚开始开发的时候，华盛顿市政府做出了一个决定，要在那里兴建新的商业中心，作为华盛顿的新城。威勒一年前买下的地皮在一夜之间飞涨了 10 倍。所有的同事都对威勒佩服得五体投地。威勒的这一个决定让银行老板一夜之间挣了数十万美元。老板为了表彰威勒，奖励了威勒几万美元。

在那个时候的美国，几万美元已经是一笔巨款。威勒决定以这些资金为资本，自己干一番事业。他从自己熟悉的房地产开始，逐步扩大到许多行业，后来成为美国著名的房地产开发商和银行家。

威勒成功的秘密，就是他与众不同的远见卓识。远见带来巨大的利益，会打开不可思议的机会之门。凯瑟琳·罗甘说："远见告诉我们可能会得到什么东西。远见召唤我们去行动。心中有了一幅宏图，我们就从一个成就走向另一个成就，把身边的物质条件作为跳板，跳向更高、更好、更令人快慰的境界。这样，我们就拥有了无可衡量的永恒价值。"

乔布斯创建苹果时，还只是一名普通的大学辍学生。他与好友史蒂夫·沃兹尼亚克一起，在很短时间内就将苹果由一家 DIY 计算机的手工作坊发展成为全美有影响力的计算机公司。乔布斯已经预见到一个宏伟的明天即将来临。为了从百事可乐挖来约翰·斯库利，乔布斯说出了那句众所周知的名言："你想一辈子卖糖水，还是改变整个世界？"正是这句话里包含的远见卓识，使斯库利大为心折，甘心放弃百事可乐总裁的职位投身乔布斯的新公司。

微软在招聘高级人才时，是否有远见也是一个重要条件。有一个叫格里格·曼蒂的主管，曾与别人一起在 1982 年共同创立了一家计算机系统公司。10 年后，由于公司入不敷出而倒闭。但微软在 1992 年 12 月聘用了曼蒂，任命他为部门主管，负责筹划如何把新技术用来制造消费产品。微软从曼蒂身上发现的不仅是他的技术和管理经验，而且是一个敢用远见打赌

认真做只能合格，用心做才能优秀

Ren Zhen Zuo Zhi Neng He Ge, Yong Xin Zuo Cai Neng You Xiu

258

的人——即使这种远见遭到了失败。远见说明你比一般人更用心，因为你不光考虑了眼前，你还努力去预见将来。这样的人才是任何一家公司都需要的。

微软的人会告诉你：用远见打赌是公司存在的全部。许多远见最终以失败告终，但这并不重要，只要你能保持这种用心着眼未来的精神，你总会有一天成功的。

用心感言

比别人多一份投入，多一份观察，多一份思虑，你就能比别人看得更远。要记住，成功并非一朝一夕之功，一个没有远见的人，也许能抓住眼前一时的利益，但他输掉的是整个未来。

 ## 用心，让你先行一步

周星驰电影《功夫》里有一句著名的台词："天下武功，无坚不摧，唯快不破。"这句台词点出一个成功的道理：凡事先人一步、先人一手、先人一着，成功就有了十足的把握。

早起的鸟儿有虫吃。卓越的成功者在别人还没"睡醒"之时就开始行动了。他们在做每一件事时都要比别人早一步，都要比别人更迅速地掌握未来的动态、资讯和走向。一步领先，便能步步领先。

当然，最关键的还是那个正确的态度：用心。如果不用心把握，机遇稍纵即逝，就会被别人抢占了先机。这方面，当年克莱斯勒公司的失误就是最好的反面教材。

1986 年，中国第一汽车制造厂决定向美国克莱斯勒公司提出合作意向。在双方的几轮谈判之后，一汽引进了克莱斯勒轻轿结合的发动机，并随后准备引进克莱斯勒的车身。就在此时，克莱斯勒公司突然改变了与一汽合作发展的态度，它们提出了非常苛刻的条件，而且还把购进生产线的价格提到了一个想都想不到的高价。

原来克莱斯勒公司这样做，是由于它们获得了我国批准一汽要上轿车的信息，认为无论自己提出的条件多么苛刻，一汽为了迅速实现轿车的生产，肯定会做出妥协。而且，该公司没有做任何背景调查，便武断地认为中方的合作对象非它莫属。克莱斯勒公司的这种态度，使中方果断中止了谈判。

但一汽面临的问题却依然没有得到解决，处境十分艰难。正当一汽苦于寻找出路之时，德国大众汽车公司董事长哈恩博士正在中国访问。得知这一消息后，便坦诚地表示愿与中国一汽合作。克莱斯勒公司董事长李·艾柯卡听到了这个消息后，赶忙向中方表示只要一汽与他们合作，他们只象征性地收取一美元的技术转让费。可惜为时已晚，一汽已与德国大众签订合约，开始生产后来备受中国消费者青睐的奥迪汽车了。

试想，如果当初克莱斯勒公司更有远见一些，并能抢占先机，那么现在中国满大街跑的就是克莱斯勒轿车而非奥迪了。

然而，历史是没有"如果"的。在商业大潮中，一个成功者必须比别人更用心地预见市场变化的规律，从而抓住稍纵即逝的机遇，抢得先机。

比尔·盖茨有句名言："卖汉堡包并不会有损于你的尊严。你的祖父母对卖汉堡包有着不同的理解，他们称之为'机遇'。"

比尔·盖茨就是个善于抢占先机的人。自1975年创立微软以来，他在短短20年间积聚了超过700亿美元的财富，成为现代社会的最大神话。他的成功再次印证了经济学的一条基本规律：如果市场起飞，那些恰好在起飞时即以发明创新进入市场的人，将会获得超过期望值的投资回报率。正如历史上曾经叱咤一时的石油大亨、汽车大王和金融巨子一样，比尔·盖茨的成功之处，在于他把握住了一个与新兴产业一起成长的市场机会，从而一飞冲天。

比尔·盖茨从来都不是专业技术的领先者，但他以高人一筹的市场远见与不凡的经营策略，成功地占领了信息产业的制高点。盖茨深谙"先发制人，后发制于人"的道理。历史上，他曾两次凭借先行一步的远见而令对手胆战心惊。第一大远见是在 1975 年，他预言要使电脑进入每个家庭。实现这第一个远见计划的标志性产品是 Windows95。第二大远见计划始于 1998 年，他认为，在未来的新世纪里，网络会变得越来越重要，而 PC 不再只是孤立的存在，将变成连贯网络的一系列设备中最重要的一种。盖茨没有信口开河，他付诸了实际行动，最终证实了他独特远见的伟大成功。

由于比尔·盖茨总是先行一步，使别人几乎无处容身，业界人士只能无奈地表达他们的痛苦："最好的市场就是没有比尔·盖茨的市场。"

世界顶尖公司的发展历程也都向我们证明，比别人先行一步是多么的重要。微软把握了 IT 先机；苹果电脑把握了图形处理领域的先机；戴尔电脑把握了直销先机；雅虎把握了全球门户网站的先机；亚马逊把握了网上售卖图书的先机……

毫无疑问，上面的名单将延续下去，而新加入的是被誉为"盖茨第二"的马克·扎克伯格。

马克·扎克伯格人生就像一部电影剧本。他是一个聪明的学生，以优异成绩进入哈佛大学，并在大学中认识了一同创业的伙伴。大二那年，他用了一星期时间写网站程序，建立了一个为哈佛同学提供互相联系平台的网站，这就是后来的 Facebook。

和盖茨一样，扎克伯格也选择了从哈佛辍学。理由也相同：并不是不爱学习或不重视学习，而是为了抢得先机。

事实证明，他的这一决定使其在互联网历史上书写了浓浓的一笔。

时至今日，Facebook 已成为谷歌以及其他互联网巨头的主要竞争对手之一，股东包括微软公司、李嘉诚等。Facebook 拥有数量庞大的注册用户，包括政府机构以及《财富》500 强企业。马克·扎克伯格本人的身家也逐年猛增，成为历来全球最年轻的自行创业亿万富豪。

缺乏远见和犹豫不决往往是失败者的注脚，步别人的后尘永远也成不了大器。数字信息时代的来临，为我们带来巨大的挑战和无限的商机。谁能用心洞察未来的动态，并在机会稍纵即逝的环境中及早行动，谁就是赢家。

用心规划你的人生蓝图

认真做只能合格，用心做才能优秀

哈佛大学有一个非常著名的跟踪调查，目的是考察人生规划对于一个人究竟有多大的影响。调查的对象是一群智力、学历、环境等条件都差不多的年轻人。调查发现，他们中间有3%的人，有十分清晰的长期目标和计划；10%的人，有比较清晰的短期目标和计划；60%的人，目标模糊；27%的人，完全没有目标。

结果，25年后，那3%有长期清晰目标和计划的人几乎都成了不同业界的顶尖人物，大都生活在社会的最上层；那10%有比较清晰的短期目标和计划的人，都成为各行各业不可缺少的专业人士，大都生活在社会的中上层，如医生、律师、工程师、高级主管等等；那60%的目标模糊者，几乎都生活在社会的中下层面，他们能够安稳地生活与工作，但都没有什么特别的成绩；剩下27%的是那些25年来都没有目标的人，几乎都生活在社会的最底层，生活都过得不如意，常常失业，靠社会救济。

其实，这些人之间的差别仅仅在于：在年轻的时候，他们中的一些人很用心地弄清楚自己到底要什么，而另一些人则对此不清楚或不很清楚。

职场上有句名言："你今天站在哪里并不重要，但是你下一步迈向哪里却很重要。"成功的人生需要正确的规划，用心看清自己的人生远景，是每一个年轻人迈向成功人生的第一步。

有的人一开始就没有人生规划，读书时没有方向，人家考大学，他也考大学；毕业后，随波逐流，只知道往薪水高的单位跑，并没有用心地经营自己的长处、积累工作经验和人生阅历，虽然工作也很认真，可过了很多年，顶多只是一个月薪不高不低的小经理，还面临被年轻后辈淘汰的危险。

而有的人从年轻时就立下人生远志，并按照自己的理想制订出发展计划，持之以恒地付诸努力，结果往往能达成心志。

有一个人在 19 岁那年，在一本电子杂志上看到英特尔公司生产的计算机芯片的扩大照片。他激动得连眼泪都涌了出来，下意识地感觉到这个小小的芯片将会改变世界，改变自己的一生。

于是，他为自己规划了一个宏伟的人生蓝图："20 多岁时，创立自己的公司，要向所投身的行业宣布自己的存在；30 多岁时，要有 1 亿美元的种子资金，足够做一件大事情；40 多岁时，要选一个非常重要的行业，然后把重点都放在这个行业上，并在这个行业中取得第一，公司拥有 10 亿美元以上的资产用于投资，整个集团拥有 1000 家以上的公司；50 岁时，完成自己的事业，公司营业额超过 100 亿美元；60 岁时，把事业传给接班人，自己回归家庭，颐享天年。"

从此，他的人生就有了清晰的方向。之后的几十年来，他开始坚定地、一步一步地实现这一看似不可能实现的人生蓝图。

大学期间，他规定自己不管大小每天都必须有个发明。一年后，在他的发明研究笔记中一共洋洋洒洒记载了 250 项发明，其中最重要的一项发明就是"多国语言翻译机"。为了推销自己的产品，他拜访了 10 多家世界闻名的电子公司，但无一例外都遭到了拒绝，有的前台人员甚至说这个东西"一文不值"。

但他并不气馁。几经周折，夏普公司的总裁佐佐木正被这个年轻人的认真和勇敢打动了。他认为这个年轻人值得栽培，于是用 4000 万日元，相当于当时的 100 万美元买下了这个发明。年轻人就这样赚得了自己的第一桶金。

24 岁那年，他成立了自己的公司，仅有两名员工。他的公司以破竹之势顺利向前发展。从刚刚创办时的三个人，发展到 125 人，销售收入剧增到 45 亿日元，只用了短短的两年时间。

38 岁那年，他的集团公司已成为世界最大的计算机大展的东道主。

39 岁那年，他的公司掌握了全世界计算机和网络高科技信息，并注资 1 亿美元，拥有了雅虎 33％ 的股份。

41 岁那年，他以 4.1 亿美元脱手雅虎 2％ 的股票，净赚 3.9 亿美元。

42 岁那年，他的眼光投向中国，投入阿里巴巴 3500 万美元，之后为帮助阿里巴巴收购雅虎（中国），主动退股，套现 3.5 亿美元。

43 岁那年，他已经拥有遍及美国、欧洲的重要的合资或独资企业，其中美国企业 300 多家，日本企业 300 多家。辖下关系事业、创投资金和策略联盟等一切资产，总共 400 亿美金。

如今，他的公司已成为以网络产业为主的控股集团公司，公司的资产约 300 亿美元，他的个人财富也达到了 40 亿美元。

30 多年里，他的人生一直是按照自己的计划走，而且也一直实现了自己的人生规划。

这个人，就是日本著名的互联网风险投资公司"软件银行"的创立者孙正义，互联网产业独一无二的造梦人。他的身高不足一米六，却赢得了"互联网大帝"的美誉。他还被称为"日本先生.com"，掌握了日本 70％ 的互联网经济，包括无线手机业务和互联网业务。

孙正义的成功神话，最初就源于那一宏伟的人生蓝图。清晰的人生愿景和规划，正是激励他 30 多年如一日坚定前进的动力。

用心感言

"我该如何度过此生？"这是我们每个人总会遇到的一个问题。不论你现在是否已经有了答案，重要的是立刻开始用心思考你的人生愿景，合理规划你的人生。你必须根据自己的基本能力素质和兴趣爱好来确立人生目标，并制订详细清晰的计划，然后持之以恒地把你的人生规划变成现实。

时时把目标放在心里

几乎每一位成功学家都给过这样一个建议：如果你渴望成功，那么你首先要做的就是把你的渴望和梦想写下来，树立一个清晰的人生目标，并为此制订切实可行的计划。

目标，在一定程度上决定着成功。美国潜能大师崔西甚至说："成功等于目标，其他的一切都是这句话的注解。"有了目标，就有了前进的方向，就知道什么该做，什么不该做；有了目标，人就有了做事的动力、责任感和使命感，达到目标时能体会到一种成就感。

对我们来说，如果没有在工作中树立目标，就是工作不用心的表现。做事只顾眼前，抱着当一天和尚撞一天钟的心态，便很难将事做得出色，更不要提成就什么大事业。

那些众人仰慕的成功人士，大都早已将努力的方向锁定于某一个目标，他们的目标清晰，所做的一切都只为达到这一目标。

世界酒店业大王康拉德·希尔顿将他的成功全归功于目标的魔力。

希尔顿曾经在20世纪30年代的经济大萧条时期遭到严重打击。他的债主威胁要撤销抵押权。不但他的洗衣店被典当，甚至他还被迫向门房借钱以糊口。希尔顿事后形容："那段迷失而混乱的日子真是连想都不敢想。"在这潦倒之际，希尔顿偶然看到了沃尔多夫饭店的照片：6个厨房、200名厨师、500位服务生、2000间房间，还有附属私人医院与位于地下室旁的私人铁路。他将这张照片剪下来，并在上面写上"世界之最"。

那张沃尔多夫饭店的照片自此就保存在他的皮夹里，一直激励着他努力奋斗。当他再度拥有自己的书桌后，他便将照片压在书桌的玻璃板下，随时看着它。在事业渐有起色而且买了新的大桌子后，他仍把那张珍贵的照片放在玻璃板下面。

1949 年 10 月，希尔顿买下了沃尔多夫饭店。那张照片使得希尔顿的梦想有了具体的雏形，让他有一个可以全力以赴的目标。那张照片就像是一张提示卡，不断地激励他向目标迈进。

和希尔顿一样，斯皮尔伯格也是一个因目标而成功的人。他在 12 岁时，就坚信自己总有一天会成为电影导演。在他 17 岁那年的一天下午，他去参观环球制片厂。这次参观使他当场他就下定决心要做什么。首先，他偷偷观看了一场实际电影的拍摄，并与剪辑部的经理做了一次一小时的长谈，然后结束了参观。

对于大多数人而言，这只是一次简单的参观活动。但对于斯皮尔伯格来说却并非如此。他有自己的人生目标，他知道他想要什么，该怎么去做。

于是第二天，他穿了套旧西装，拿起爸爸的公文包，并带了块三明治作为午餐，再次来到了环球制片厂。这一次，他并不是来参观，而是装扮成那里的工作人员，观摩那些大导演和制片人如何拍摄和制作电影。在拍摄现场休息的时候，他想尽法子找到了一辆报废的汽车，并用旧的塑胶字母在汽车门上拼贴出了"斯蒂芬·斯皮尔伯格"、"导演"的字样。接下去的半年里，他拜访了那个城市所有知名的导演、制片、编剧、剪辑等一切与电影拍摄相关的人员，终日流连于他梦寐以求的电影世界里。

终于在 20 岁那年，他成为了一名真正的电影从业者，并与环球制片厂签了一份 7 年的合同，而在签那份合同的同时，他的一部电影已经在环球放映，并取得了相当不错的反应。36 岁的时候，他成为了世界上最成功的电影制片人。

斯皮尔伯格的成功告诉我们，只有拥有明确的目标，前进的方向才会变得清晰，才能最大限度地激发一个人的潜能，使他全身心投入追求事业的成功。

成功并非一朝一夕一功，而是一个漫长的过程。在这个过程中，为了避免迷失方向，我们必须时时牢记自己的目标，不为不相关的事情所干扰。一位成功学家介绍了自己的经验：在他还是小职员的时候，他花了一个月的时间，思考自己到底该树立一个什么样的目标。一个月后，他制订出自己的目标，并用一周的时间将这个目标细化，分解到每年到达哪里，然后每天该做些什么、到达哪里。最后，他把第一天的目标写在了一张纸上，并把这张纸放在自己衬衣右上边的口袋里。当开始一天的工作时，他先拿出自己的目标看一遍，而后用心地去做事，努力达成自己的目标；当结束一天的工作后，他再次拿出目标，想想自己有没有完成计划。就这样，他成就了自己的事业。

为什么要把目标放在衬衣右上边的口袋里呢？成功学家告诉我们，因为那里离心脏最近。你只有时刻把目标放在心上，才能最快到达成功。

用心感言

成功的第一步是要有目标，明确的目标是指引我们航行的灯塔。然而，仅仅停留在意识里的目标几乎不能让我们得到什么，它就像白日梦一样在我们的脑子里一闪而过。我们还必须时时执著和专注于目标，把目标深深地烙在自己的潜意识里，这样才能打开成功之门。

 ## 做一个不满足现状的人

我们身边有许多这样的人：他们没有远见，不是因为缺少对未来的洞察力，而是因为被"完满"的现状蒙住了眼睛，失去了进取之心。这样的人，即便很有才华，即便取得了一定的成就，也很快会被淘汰。

不可否认，安于现状是人的一种本性。行为学家曾经研究发现，与那些不属于现状的东西相比，人们更愿意给予自己认为属于现状的东西更高评价。然而，未来的成就，只属于对未来有进取之心的人。在当今这个竞争激烈的社会，任何安于现状、不思进取的想法是危险落伍的。

汽车大王福特曾说过："一个人若自以为有许多成就，而止步不前，那么他的失败就在眼前。我看过许多人，开始时挣扎奋斗，但在他花费无数血汗，使前途稍露曙光后，便自鸣得意，开始怠惰、松懈，于是失败立刻追踪而至。跌倒后，再也爬不起来。"

有这样一个哲理短文：有一个人由于工作需要，经常出差。可是无论长途短途，无论车上多挤，他总能找到座位。他的办法其实很简单，就是耐心地一节车厢一节车厢找过去。每次，他都做好了从第一节车厢走到最后一节车厢的准备，可是每次他走不到最后就会发现有空位。他说，这是因为像他这样锲而不舍找座位的乘客实在太少了，经常是在他落座的车厢里尚余若干座位，而在其他车厢的过道和车厢接头处，居然人满为患，拥挤不堪。

为什么会这样呢？因为大多数乘客被一两节车厢拥挤的表面现象迷惑了，没有用心去想。其实在数十次停靠之中，由于上下乘客的流动而蕴藏着不少提供座位的机遇。眼前的一方小小立足之地很容易让大多数人满足，为了一两个座位背负行囊挤来挤去，他们觉得不值得。他们还担心万一找不到座位，回头连个好好站着的地方也没有了。

于是，这些不愿主动找座位的乘客，大多只能在上车时最初的落脚之地一直站到下车。

在我们的生活中，那些安于现状、不思进取、害怕失败的人，也永远只能滞留在没有成功的起点上。

只有那些具有远见、勇于进取的人，才能抓住一些看来希望渺茫的机会。他们的自信、执著，使他们拥有一张人生之旅成功的坐票。

有一家公司的董事长聘用了7个销售员，需要提升一个销售员担任经理职务。经过筛选，他确定了3个人选。这3个人各方面的成绩都不相上下，着实让他难以决定。于是，他请拿破仑·希尔帮他拿主意。拿破仑·希尔决定花一整天来了解每一个人，看看哪一个才是最佳人选。那位董事长通知这 3 个人会有一个顾问来拜访他们，目的是讨论公司的整体行销计划。

在这个过程中，其中两个人的反应差不多，都有点儿不自在、不是滋味。他们好像注意到拿破仑·希尔别有目的，想要"耍什么花招"。这两个人都是顽固的保守派，都想证明该做的都已经做了。拿破仑·希尔问他们一些与行销密切相关的问题，他们的反应都是："事情都很正常，毋庸过虑。"对某些论点更是振振有词地解释，目前的方法为什么不能也不应当改变。总之，维持现状就够了。

其中一个在离开拿破仑·希尔下榻的饭店时说："我真的不知道你为何要花一整天和我讨论，请你告诉我们的老板，每一件事情都很顺利，不要小题大做。"

第三个就不同了。他对公司很满意，也以公司的成就为荣，但又不是绝对的满意。他还希望力求改进。他一整天大部分的时间都在告诉拿破仑·希尔各式各样的新点子。例如开拓新市场的做法、改善服务质量的做法、节约时间的做法、对鼓励员工更大的调整薪资做法等等，都是为他自己和整个公司的长远利益打算。他早就拟好一个想要推出的宣传活动。当两人分手时，他的临别赠言是："我很高兴有机会把我的构想跟你谈谈。我们已经有了一个相当良好的初步沟通，相信一定可以做得更好。"

当然，拿破仑·希尔最后推荐的正是第三位，跟董事长的想法不谋而合。

一个不满足于现状，认为可以改进，并且全力改进的人，才有可能成为一个卓越的领导人。

用心感言

　　任何一家有抱负的公司，都会有一种竞争的机制，碌碌无为、无心工作的庸人将无所容身。所以，命运不会让一个不思进取的人长久地过着舒坦的日子。只有不满足现状的人，才能产生拼搏的激情，把命运牢牢握在自己手中。

用心把握好大局

世界首富比尔·盖茨的父亲总喜欢谈论一个来自他故乡，并取得非凡成就的年轻人。老盖茨退休前是一名资深律师，当过这个年轻人的法律事务代表。在他眼中，这个白手起家的布鲁克林小子是一个传奇。他就是开拓星巴克咖啡帝国的霍华德·舒尔茨。

在舒尔茨的星巴克帝国出现之前，普通美国人饮用咖啡的习惯是购买烘焙好的咖啡回家研磨煮制，或者干脆冲泡速溶咖啡。1983年，受到意大利之旅启发的舒尔茨，决定把在咖啡馆喝咖啡的优雅体验带给美国人乃至更多的人。1987年，他从星巴克创始人手里买下了6家咖啡店，开始做大做强。1992年，星巴克在美国上市，此后星巴克开始步入快速道。

到了2000年，星巴克在全球已经开了3500家连锁店。也就在这一年，舒尔茨离开了CEO的职位，退居幕后。

1992年到2006年，星巴克的股票飙升了58倍。2007年的时候，星巴克在全球50多个国家拥有16000家门店，市值达到100亿美元，每天全世界约有700万顾客在星巴克喝咖啡。

但极盛的背后却潜藏着深深的危机。短短几年，市场发生了急剧的变化，金融危机的到来更让星巴克的全球战略受到极大的影响。4美元一杯的拿铁已然成为人们无法承担的"奢侈品"，更何况市场上还有来自麦当劳等对手的竞争。

最重要的是，舒尔茨的继任者们过快的扩张步伐，使星巴克咖啡的品质开始下降，在店面设计上也相对粗糙。这种一味的冒进，事实上是一种短视行为，它让星巴克失去了热情和灵魂，不再用心去追求完美，使顾客逐渐失去了曾经美好的体验和浪漫。

有人对此毫不客气地指出："显然星巴克已经变成了过度企业资本化的标志了，显然星巴克已经变成了这个行业内的麦当劳了，只是它的咖啡比麦当劳的更糟糕。这就是从几百家扩张到16000家的后果。宇宙可能可以无限扩张，星巴克不可以。"

危机到来之际，舒尔茨不得不选择重返战场。2008年1月，舒尔茨重回CEO一职。他痛定思痛，不但果断中止了扩张的战略，更令人吃惊的是，他缩减了5亿美元成本、在美国关闭了800家门店、开除了4000多名员工。要知道，这是星巴克史上第一次裁员，看起来，这违背了以人为本的公司文化，是一种倒退。

但做出这一艰难决定的舒尔茨明白，壮士断腕，难免一时之痛，却能赢回全局。

不过，裁减店面只是星巴克自救的第一步，创造了星巴克灵魂的舒尔茨还需要更多努力找回它的灵魂。

于是，2008年2月某个星期二的下午，当时针指向5:30，美国所有星巴克门店同时打烊，顾客被礼貌地请出了门店。随后，大门关闭。停业的7100家门店贴着相同的告示：我们致力于使我们的意式浓缩咖啡臻于完美。而这一切源于熟练，这也是我们全情投入雕琢自己技艺的原因。

在大门里面，那些技艺还不成熟的咖啡师们正在观看一部短片，这是星巴克的咖啡专家回到西雅图花了几天工夫做出来的。短片的内容是传授烹煮意式浓缩咖啡的所有程序和细节，以使星巴克重回高标准。

这一举动让人们相当吃惊：从来没有哪个公司敢做这样的事。在销售额和劳工成本上，星巴克不可避免地损失了600万美元。一家竞争者还推出99美分一杯的浓缩咖啡饮料，试图诱拐顾客。最糟糕的是，星巴克竟然承认了自己的失败，它的咖啡不再那么完美。

但舒尔茨的决心是坚定的，一切必须把握住大局，而这个大局就是咖啡的品质。咖啡是不会说谎的，只有诚心自我否定和改进，你才有可能赢得天下。

这一大胆而富有远见的举动成为了星巴克史上最具象征意义的事件，意味着曾经失去的灵魂重新回到了星巴克。在关门后的几周里，星巴克的咖啡品质果然得到提升并且保持在高水平上，这使人们开始重拾对星巴克的情感依恋以及信任。

2010年，当经济大环境复苏，星巴克终于从衰退的泥沼中走出，第一次实现了扭亏为盈。按 InterBrand 公布的最新调查结果，星巴克成为仅次于苹果和 Google 的全球影响力第三大的品牌。

退一步，海阔天空。只有用心把握住大局，才能更好地向远方前进。

用心感言

　　不论你是一个领导者还是一名普通员工，如果在处理各种问题时，没有用心去把握大势和大局，不识时务，就会不顾情况的变化，陷于原有的思路不能自拔，甚至危机来临而不知省悟。一个卓越企业领导人更应该具备一种大局观和一种高瞻远瞩的战略眼光，凡事用心从大局出发考虑问题。而不是鼠目寸光，只顾眼前的利益，忽视企业的长远发展。特别在陷入危机之时，必须勇于自我否定和改进，这才是一种诚实而有远见的表现。

心怀忧患，未雨绸缪

在这个瞬息万变的时代，不论对于国家还是企业和个人来说，远见都是一种必备的生存能力。

远见在一定层面上反映了人类特有的忧患意识。孔孟时代的那句名言

"生于忧患，死于安乐"，早就在提醒人们要有居安思危的远见。

正如一位企业家所说，要防止在竞争中被淘汰，必须时时用心留神，必须有"怀抱炸弹"的危机感。

一个人在危机面前缺乏忧患意识，不用心估计、判断形势，没有预见能力，就好比"盲人骑瞎马，夜半临深池"，即便是灾难近在眼前，死到临头也浑然不知。历来经济危机的事实都证明，那些没有一定的远见的个人或企业，一般都难逃厄运。

如在 2007 年底，美国发生次贷危机的时候，我国还有一些公司盲目地投入一些金融机构。这就是判断不清，没有远见，失败和倒闭就在所难免。

有远见卓识的人，随时都心怀危机感，从而能清醒地洞察和判断形势，迅速采取相应的对策，使自己立于不败之地。

例如，烟台有一家叫万华的公司，生产的主导产品是一种新能源产品——聚氨酯，这是一种外墙保温涂料，可以使楼宇的热量损失非常小，是一种楼宇环保型产品。德国也有一家同行业企业，因为经济形势不好，把生产聚氨酯的实体业务砍掉了，把资金都投入在了研发上。通过这个信息，烟台万华的领导人敏锐地意识到，一旦这个德国企业研发出了替代品，就会给整个行业带来革命性的变化，万华也就一文不值了。预料到会出现这种情况，数年前万华就做好了准备，已着手拓展了相关产业的产品。这就是一个企业家的远见。

2005 年底，全世界各大媒体都在报道微软主席比尔·盖茨给内部员工写的一份备忘邮件。这份邮件是如何被泄露的并不重要，但其内容却再次提醒人们远见和忧患意识对于一个成功企业的重要性。

盖茨的邮件中心内容很简单：他预计未来的软件业重点将转移到网上服务和网上广告。微软公司的成功之关键——在个人电脑桌面上的统治地位——现在正变得不再重要。软件已不再是人们必定在自己的电脑上安装的东西了。软件正在变成一种通过互联网提供的简单服务。而在这些领域，微软的竞争对手均遥遥领先。

盖茨在这份备忘录中，还附上微软技术总监奥兹的一份备忘录。奥兹在他的备忘录中承认：尽管微软知道搜索技术的重要性，但却无法和 Google 之类的竞争对手竞争。他强调将互联网广告及服务作为新业务模式和收入渠道十分重要，指出微软在互联网软件和服务等领域并未领先，并列举了微软在软件领域失去的机会以及来自 Google、Skype、RIM、Adobe 等竞争对手的威胁，他认为微软"必须快速果断地做出反应，否则公司的业务就存有风险"。

　　因此，盖茨向全体微软员工发出了严峻的挑战：微软必须抓住机遇，成为下一个技术革命浪潮的领袖。

　　盖茨和奥兹的备忘录，再次向世人展示了微软成功的一个关键因素：成功时的忧患意识和应对挑战的战略远见。

　　微软是人类历史上最成功的公司之一，公司产值相当于某些国家的国民总收入。但在如此巨大的成功面前，比尔·盖茨却从未自满或放松警惕。他时时刻刻都在探寻着软件行业的下一个技术革命与市场浪潮的新趋向，以确保微软在行业中的领先地位。

　　早在 1995 年，盖茨也曾向员工发出过一封备忘录。当时的微软，已经是业界的领袖，但盖茨警告大家下一个浪潮就是互联网。他承认，自己每天花 10 多个小时上网，但却没有看到一个微软的文件格式。正是在这封备忘录后，微软开始在互联网上大力投资。

　　当时互联网技术的领先是网景公司。Netscape 推出的 Internet 浏览软件如日中天，几乎每个网友都曾用它上网。网景公司几乎造就了互联网的一夜成名。然而，在微软清醒过来，奋起直追的短短几年内，网景就被微软的 IE 所击败，最后退出了历史舞台。人们现在已经无法想象，如果没有 Internet Explorer，今天的微软是否还能如此成功。而这一切，均源于比尔·盖茨在成功时的危机意识和卓越的远见。

用心感言

　　今天的成功，是昨天的远见和未雨绸缪的结果。只有时刻保持清醒的忧患意识，你才能准确洞察未来的趋势，不断做出调整，从而在竞争中占据先机，赢得超额的收益。